女性经期

调养

饮食

宝典

孙晶丹 主编

U0212977

江西科学技术出版社

图书在版编目（CIP）数据

女性经期调养饮食宝典 / 孙晶丹主编. -- 南昌：
江西科学技术出版社，2017.10
（饮食宝典）
ISBN 978-7-5390-5670-8

Ⅰ．①女… Ⅱ．①孙… Ⅲ．①月经－保健－食谱
Ⅳ．① TS972.164

中国版本图书馆 CIP 数据核字（2017）第 217984 号

选题序号：ZK2017222
图书代码：D17067-101
责任编辑：张旭 王凯勋

女性经期调养饮食宝典
NÜXING JINGQI TIAOYANG YINSHI BAODIAN

孙晶丹　主编

摄影摄像	深圳市金版文化发展股份有限公司	
选题策划	深圳市金版文化发展股份有限公司	
封面设计	深圳市金版文化发展股份有限公司	
出 版	江西科学技术出版社	
社 址	南昌市蓼洲街 2 号附 1 号	
	邮编：330009　电话：（0791）86623491　86639342（传真）	
发 行	全国新华书店	
印 刷	深圳市雅佳图印刷有限公司	
尺 寸	173mm×243mm　1/16	
字 数	200 千字	
印 张	15	
版 次	2017 年 10 月第 1 版　2017 年 10 月第 1 次印刷	
书 号	ISBN 978-7-5390-5670-8	
定 价	39.80 元	

赣版权登字：-03-2017-311

　　还记得当初那种慌乱和尴尬的感觉吗？当"好朋友"第一次来敲门，您可曾知道，它将有40年左右的时间与你同行。身为女人，您怎么可能不关注自己一生的"好朋友"——"月经"，怎么可能不关心与自己月经状况息息相关的身体健康？然而，对于不少女人来说，别看"好朋友"已经伴随了她们很长的时间，可她们对这位"朋友"了解得还很不够。

　　月经，是女性生理上的循环周期，也是女性健康的标志。青春期时的月经来潮，是女孩转变为女人的关键表现；更年期后，女性月经完全停止，则是女人逐渐迈向老年的重要标志。在经期的不同阶段，身体会呈现不同的特点，但不少女性在经期会出现莫名的狂躁、情绪低落，甚至腹痛、失眠等困扰。月经，这么一件每月必到的"小事"也成了女性每月的烦恼之一。

　　经期，也是女性调理身体、自我保健的关键时期。女性经期如何做好日常护理也就成了影响健康的关键，其中，经期饮食便潜藏着大学问。如果您可以在经期针对身体状态进行有效的调养，哪怕只是改变经期的一日三餐，坚持实践一段时间后，也一定会带来可喜的变化。

　　为此，本书从月经的基础知识出发，详细讲解经期调养对女性的好处、女性经期饮食和生活调养的技巧和禁忌等内容，以期让女性朋友们真正认识到经期调养的重要性。在此基础上，本书针对女性一生中的4个关键阶段，及女性经期常常会面临的不适症状和月经病，提出详细且有针对性的调养技巧，以帮助女性朋友们有针对性地进行调养，逐步达到瘦身、丰胸、美肌等效果，轻松拥抱"好朋友"，健康美丽一辈子。

　　另外，为方便女性朋友调养，本书分别从不同角度提出有针对性、简单易做、功效显著的调理食谱，且很多食谱都配有"二维码"视频，您只需扫描图片下方的二维码，更直观、轻松的制作步骤即刻呈现。

　　经期调养，是女性拥有由内而外美丽的源头。或许您已经了解经期对女性的重要性，但是作为忙碌的现代女性，您可能没有时间来规划合理的调养方式，现在不妨跟着我们，从安排好经期饮食开始，吃出健康、自信的女性风采。

目录
CONTENTS

Part ① 健康女人的标识
——如期而至的"好朋友"

Part ② 不同阶段女人
——学会管理好自己的月经

Part ❸ 经期四大计划
——打好一生的美丽基础

Part ❹ 常见月经病调理
——由内至外的养生养颜法

Part ⑤ 告别经期不适
——做快乐自信的女人

Part 1

健康女人的标识
——如期而至的"好朋友"

　　从月经初潮的那一刻起，女孩就开始了向女人的蜕变。每月如约而来的她，就像一个特殊的朋友，忠实地反映我们的身体状况。从现在开始，给这位朋友多一点耐心，多一点关爱，掌握和她相处的一些法则，健康和美丽也将与你一路同行。

月经，女人一生健康美丽的关键

月经年龄几乎占据了女性一生中2/3的时间。或许在许多女性心中，都视她为"麻烦事儿"，每个月都觉得在忍耐她。但你知道吗？无论你想要孕育生命或是瘦身、美肤，都需要她。因此，你一定要对她倍加呵护，用后天保养延续天生丽质，将美丽与健康一同掌控。

◎ 为什么女人会有月经？

作为女人，或许从你来月经的第1天开始就常常会想，为什么自己会来月经，而男人不来？明明每个月那几天都会流那么多血，身体却不会出现问题，反而一旦月经出现异常，身体就会出现各种不适呢？想要解决这些问题，必须先懂得一些月经的基本常识。

【女性独有，月经的概念】要了解月经的知识，首先必须了解女性的生殖器官结构及其生理功能。一般来说，女性的内生殖器官由卵巢、子宫、输卵管、阴道构成。

卵巢的主要功能是产生卵子和合成卵巢激素，子宫和输卵管则是生养器官。女孩从出生起，身体中就带有一定量的卵母细胞，安静地待在卵巢中"休眠"。到了青春期，在脑垂体前叶促性腺激素的作用下，会使卵巢"苏醒"，卵泡逐渐开始发育，同时合成雌激素。当卵泡发育成熟并排卵之后，卵子会被运送到子宫，卵泡壁塌陷，细胞变大、变黄，称为黄体。黄体会合成雌激素，同时产生孕激素。

随着雌激素和孕激素的共同作用，子宫内膜壁会逐渐增厚。如果此时排出的卵子和男性的精子相遇，则会产生受精卵，受精卵经输卵管运送到子宫内发育，称为妊娠。假如卵子没有受精，在排卵后14天左右，黄体萎缩，停止分泌雌激素和孕激素，增厚的子宫内膜开始脱落，因而发生子宫出血，连同未受精的卵子、黏膜组织与其他分泌物由阴道排出，这就是我们常说的经血。

之后，在体内激素的作用下，周而复始，形成每月1次的规律性出血，称为"月经"。简而言之，月经就是子宫内膜有规律地脱落导致的结果。月经周期的长短，取决于卵巢周期的长短，一般为30天，但因人而异，也有四五十天，甚至3个月或半年为1个周期的情况。只要有规律，一般都属于正常月经。每次月经来潮，出血时间为3～7天；月经出血总量在50毫升左右。如果在月经时间、出血量上出现异常情况，务必要谨慎对待。

由于月经前体内性激素突然减少，影响会漫至全身，出现一定的精神和身体上的异常反应。常见的有：烦躁易怒、神经敏感、全身疲乏无力、头痛失眠、手脚面部浮肿、腹胀便秘、乳房胀痛、小腹坠痛等。医学上把这些变化称为经前期综合征。经前期综合征多见于未婚青年，有以上一种或几种表现，都是正常的身体变化，不需要太过紧张和焦虑。不太严重的一般不需要治疗；少数症状较为严重者，则需要治疗。

每一个女人都应该了解自己体内的生理变化，了解自己的"好朋友"，这样才能消除思想上的顾虑与负担，保护好自己，让疾病更少一些，让衰老更慢一些。

【子宫和卵巢，相依相伴的好姐妹】
男女不同之处，在于上天赋予女人创造生命、孕育生命的能力，而这个与生俱来的天赋，必须依靠女性的子宫和卵巢来完成，并通过女性独有的月经来体现。月经可以说是女性一生中尤为特别的朋友。而子宫和卵巢，就是与月经相依相伴的好姐妹。子宫好，卵巢好，月经才好。

月经来自子宫壁，子宫壁的表层是内膜，月经就是在这里产生。每次经期结束后，在卵巢分泌的雌激素作用下，内膜细胞开始生长，第5~9天时会形成一层薄薄的内膜覆盖住整个子宫表面，然后逐渐增厚，子宫腺体逐渐增多；第15天时卵巢已排卵，子宫内膜受到孕激素的刺激继续增厚；在第25天，如果卵子没有受精，雌孕激素的水平就会下降，子宫腺体缩小，内膜逐渐变薄，最后因失去支持而剥落，表现为月经来潮。如此以1个月为周期，循环往复进行。

卵巢功能则是保证卵巢激素正常分泌的前提条件。只有卵巢功能正常，能够正常地分泌性激素，而且子宫内膜对性激素可以产生正常的周期反应，才能保证女性每月都有正常的月经来潮。如果子宫功能出现异常或是卵巢功能过早衰退，那么就不会产生正常的月经。

【全面了解，女性一生的激素及生理变化】 从世界范围来看，女性平均寿命约为80岁，不同年龄阶段女性因为受到内分泌的影响，不管外在或内在，都存在较大的差异。一般而言，女性从7~8岁时开始分泌雌激素；在12~13岁月经初次来潮（称为月经初潮），胸部隆起，第二性征开始发育；接着进入青春期，生理功能渐趋稳定；28岁左右进入成熟期，身心皆稳定，是婚育的最佳年龄；大约在40岁左右雌激素分泌量开始减少，经血减少，开始出现白发，身材走样，皮肤变得粗糙等老化现象；直至50岁左右进入即将停经更年期，多汗、疲劳、头痛、失眠等更年期症状开始出现；几年后闭经，进入老年期，出现白发增加，听力下降，视力变差，经常腰酸背痛等现象。

由此可见，在女性整个生命过程中，几乎都离不开月经与激素的参与。其中，女性营养状况、疾病因素、婚育状况、生活和饮食习惯、社会和生活环境、精神因素等都会影响到这些时期的生理状况，进而影响到女性的寿命。

◎ 每月大事，月经都正常来吗？

正常的月经是健康女人的标志，反之，月经失调则会让我们面临多种疾病问题。健康女人，她的月经应该是什么样的呢？如何判断自己的激素水平是否正常？月经失调又会有哪些症状和表现？

【察"颜"观"色"看月经】月经的周期一般是25～35天，每次持续3～7天。一般行经的规律是第1天经血量不多，第2、3天增多，以后逐渐减少，直到经血干净。当然，这个周期与行经规律会随着个人体质而变化，但只要富有规律性，就都算正常。但如果这次月经周期是20天，下次是40天；或者是这次月经来1～2天，过10多天又来1～2天；抑或是经期经常少于3天或超过8天，经血过多或过少，而且经常出现这样的情况，都表示激素的分泌可能出现了问题。

女性务必要重视这个问题，并且可以从以下4个方面来观察。

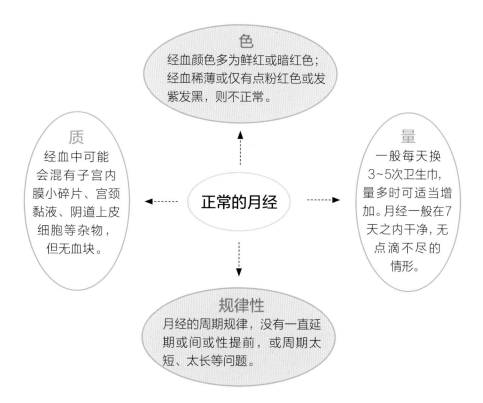

色
经血颜色多为鲜红或暗红色；经血稀薄或仅有点粉红色或发紫发黑，则不正常。

质
经血中可能会混有子宫内膜小碎片、宫颈黏液、阴道上皮细胞等杂物，但无血块。

正常的月经

量
一般每天换3～5次卫生巾，量多时可适当增加。月经一般在7天之内干净，无点滴不尽的情形。

规律性
月经的周期规律，没有一直延期或间或性提前，或周期太短、太长等问题。

【用基础体温判断激素状况】想知道自己是否有激素失调的问题，有一个好方法可以帮助到你，那就是——测量基础体温。基础体温就是早晨醒来，身体还没活动的时候测量的体温，可每天在同一时间进行测量，做成曲线表，以判断自己的激素状况。最好也把日常生活的变化，如月经来的日子、行房日期、起床时间、感冒时间等一并记录，这样更有利于掌握自己的激素状态。

女性的基础体温会随着激素的反应而形成高温期和低温期2种，以排卵期为分界点。排卵期是指女性在下次月经来潮前的第14天左右。从月经开始的第1天到排卵日当天是低温期；排卵后由于体内的黄体素分泌较为活跃，会使体温升高而进入高温期，并一直持续14天左右；到下次月经来潮前的1～2天再度降低。若你的激素水平正常，就会呈现规律的曲线变化。若将一个正常月经周期内每天测得的基础体温连成线，就称为前半期低、后半期高的双相型，也就是医学上所说的双相状态。

如果每个月都能测到双相体温，则说明其内分泌正常，卵巢正常排卵，且黄体功能正常。反之，若为单相，则可能为异常状况，卵巢有发育但不排卵，黄体功能也不正常。

【月经失调的基本症状】月经失调，也称月经不调，这是一种常见的妇科疾病，表现为月经周期或出血量的异常，或是月经前、行经时的腹痛及一些全身症状。比如月经先期（经期提前）、月经后期（经期延迟）、经期延长、月经先后期不定、月经中期出血（包括不规则子宫出血、功能性子宫出血、绝经后阴道出血等）、月经过多或过少、崩漏（大量出血、淋漓不绝）等。

引起月经失调的原因可能是器质性病变或功能失常。血液病、高血压、肝病、内分泌疾病、流产或宫外孕、葡萄胎、生殖道感染、子宫肌瘤或卵巢肿瘤等均可引起月经失调。除此之外，经期的生活和饮食习惯不佳也是引起月经失调的主要原因之一。如果经期不注意自身养护的话，很有可能会落下一些病根或引起某些妇科疾病，对健康产生不利影响。

Q: 是谁伤害了我们的"好朋友"?

☐ 不爱吃早餐

☐ 吃饭时间不固定

☐ 常吃速食品和快餐

☐ 爱吃肉,不爱吃蔬菜

☐ 常吃巧克力、薯片等零食

☐ 喝水太少,喝咖啡因饮品过多

☐ 有抽烟习惯

☐ 常有节食习惯

☐ 1个月减6千克以上体重或减重超过体重的10%

☐ 变瘦后又因为种种原因而反弹

☐ 常常熬夜

☐ 作息时间不固定　　　　　　☐ 很少运动

☐ 睡眠不足或醒来时很疲惫　　☐ 习惯淋浴,很少泡澡

☐ 常常感到疲劳　　　　　　　☐ 爱用冷水洗脸、洗脚

☐ 觉得生活索然无味　　　　　☐ 爱穿短裤、超短裙

☐ 常为人际关系烦恼　　　　　☐ 夏天爱吹空调

☐ 每天都处在工作繁忙的状态　☐ 冬天穿得少,不够保暖

少于6

看来你的生活很规律,作息很正常,身体基本处于健康状态,请继续维持现有的生活状态!

7~15

不要忽视你的身体状况,尽量保持生活稳定。一些不良的生活习惯最好慢慢改掉!

多于16

你必须立即改变现有的生活习惯,因为这些不良习惯会引起月经失调,对健康不利。

◎ 女人调经，补养气血是根本

女人就如同一汪泉水，得有活水从泉眼里汩汩不断地往外流。而血就像水，气就好似支撑水流淌的动力，两者缺一不可。如果血少了，泉水就会干枯；若气不足，就像一潭死水，毫无活力。

中医也一直强调"女子以补气养血为本"。气血是维持生命的源泉，更关系到女人一生的健康幸福。若气血不足，就可能造成月经迟来、量少、经血色浅而稀；而月经过多，又可能反过来造成气血不足。而且，由于女性的生理特点，月经时会造成一定的血液消耗和流失，加之经期情绪及心理的变化，身体中的内分泌异常，月经失调也就时常发生。随之而来的是肤色暗淡、眼圈发黑、痘痘满脸、色斑出现等现象。

因此，女性调经，一定要注意补养气血。血气充足，则人面色红润，肌肤饱满丰盈，毛发润滑有光泽，精神饱满，活动灵敏，表现在月经上，则经期正常，月经的量、色、质均无异常，人体也无不适现象。

具体而言，在日常饮食中要注意多吃富含优质蛋白质、微量元素（钙、铁等）、叶酸和维生素B_{12}的食物，可常食菠菜、胡萝卜、黑木耳、猪肝、猪血、乌鸡、鸡蛋、黄鳝、海参、虾仁、红枣、桂圆、核桃、黑芝麻、红糖等具有补血活血功效的食品。在经期前后适当采用药膳调理也很有帮助，比如用当归、枸杞、山药、阿胶、丹参等中药和补血的食物一起做成药膳食用，具有很好的调节内分泌、养血效果。

运动也是调养气血不可缺少的环节。平时可经常练习瑜伽、太极拳、体操等舒缓运动；工作强度大的女性朋友，应注意适当休息和保养，防止气血损耗过度；还可以经常做一些头部、面部和脚部的保健按摩，并坚持艾灸关元穴、气海穴、足三里穴、三阴交穴等穴位，以消散瘀血，促进血液循环，延缓衰老。

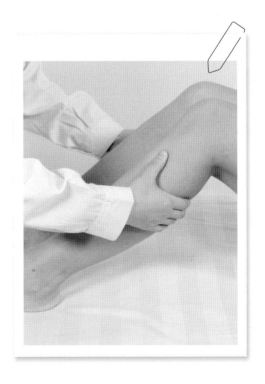

此外，有一点需特别注意，补气血不能一边补一边"漏"，还要守得住、藏得住。而要想藏好血，保肝护肝是关键，因为肝脏是藏血养血的器官。所以，女性朋友要注意少熬夜，因为丑时（凌晨1~3点）是肝脏"工作"的时间，在丑时之前进入睡眠，肝脏才能发挥最大功能。可以说，女人要想气血好、月经好，拒绝做"夜猫子"也是很重要的。

特别的关爱，给特别的"朋友"

　　月经是影响女性一生的"好朋友"。在月经期间，快乐地与她共处，全面地照顾好她、调养好她，非常重要。尤其是有月经失调的朋友，在日常饮食调理与生活养护中更要特别留意，趋宜避忌。只要月经好，自然人美、气色好。

◎ 女性经期调理饮食原则

　　用饮食调理身体，要远比那些瓶瓶罐罐里价值不菲的化妆品和保健品来得更健康、更省事，也更有效。经期不需要特别进补，不过，了解一些常见的饮食原则，可以帮助女性在经期吃得更有针对性，不仅有助于补充营养，还能改善经期不适。

　　【膳食均衡，摄取优质蛋白质】女性经期要注意膳食均衡，多食用营养丰富、健脾开胃的食品，多摄取优质蛋白质，为机体补充足够的营养。因为经期失血，尤其是月经过多，容易造成血红蛋白流失，适当补充富含优质蛋白质的食物，能及时补充随经血流失的养分。可常食蛋类、瘦肉、奶制品、豆类及豆制品。

　　【经期饮食宜补钙、补铁】女性经期适当摄入富含钙质的食品，有助于舒缓血管、肌肉的紧张状况和放松情绪，可促进经期情绪稳定，缓解经期出现的紧张、不安、头痛、失眠等精神异常状况，还能减轻痛经、腹部酸胀等现象。应多吃牛奶、肉类、鸡蛋、鱼类、豆制品，多晒太阳。铁是组成血红蛋白的重要元素，因为经期出血而损失的血红蛋白，必须从饮食中得到补充。可常食牛肉、猪肉、猪肝、菠菜、黄豆、桂圆等，并注意荤素搭配，以满足经期对铁的需求。

　　【经期饮食宜清淡、温热】由于女性经期免疫力下降，消化功能降低，食欲下降，因此饮食宜清淡，易于消化。尤其是月经失调的人群，经期饮食一定要注意少盐，朝天椒、花椒等辛辣刺激的食物最好不要吃，否则容易导致痛经、经血过多等现象。而且饮食宜热不宜寒。经期食用温热食物有助于血液运行通畅，可以在每晚临睡前喝一杯加蜂蜜的热牛奶，帮助舒缓情绪，促进睡眠，缓解经期种种不适症状。

【适当食用能行经利水的食物】 经期宜通利，不宜收涩。因此，适宜经常食用一些有助于"行经利水"的食物，比如鸡肉、羊肉、牛肉、红枣、红糖、桂圆等温补性食品。除此之外，薏米、海带、绿豆等食品，具有健脾利湿、清热排脓等功效，能促进体内血液和水分的新陈代谢，有活血、调经、止痛、利尿、去水肿的作用，经期也可以适当食用。

【适量食用高纤维食物】 女性经期可适当摄入高纤维食物，比如各种新鲜蔬菜和水果、燕麦、糙米、玉米等，有助于润肠通便、改善便秘。而且，纤维素含量高的食物，还可以促进动情激素（一种雌激素）的分泌，增加血液中镁的含量，能改善月经失调的情况，还有助于镇静神经、稳定情绪。

【经期宜多吃海鱼】 由于受内分泌激素变化的影响，不少女性在经期容易出现抑郁不安、烦躁易怒等情绪，对此，可多吃深海鱼类。研究发现，经常吃三文鱼、沙丁鱼、金枪鱼、鳕鱼等富含 $\omega-3$ 脂肪酸的深海鱼，可以帮助女性缓解抑郁情绪，降低抑郁症的发病率。因为这些鱼中富含的 $\omega-3$ 脂肪酸具有抗抑郁的作用。

◎ 女性经期生活调养要点

月经期是女性特殊的生理期，期间由于内分泌和激素水平的变化以及身体失血的原因，身体比较脆弱，很多女性会在经期出现异状，比如气色不佳、小腹坠胀、痛经等，对此，需要采取怎样的措施呢？以下生活要点不容忽视。

【睡眠充足，让你月月轻松】 女性长期晚睡或睡眠不足会使身体过于疲劳，影响器官功能，引起内分泌失调、月经紊乱，甚至引发心理问题。睡眠对女性养生来说特别重要，尤其是处于经期的女性，每天最好保证有8小时左右的优质睡眠。

研究发现，睡眠时间短的女性，与睡眠充足的女性相比，更容易出现月经过少和经期不适症状。而且，很多女性有经期嗜睡的现象，此时更要注意睡眠充足，避免熬夜。经期由于体内内分泌的变化，也是女性保养皮肤的好时机，如果每天保证足够的睡眠时间，还会使皮肤更加光滑、有弹性。睡眠质量好还能让你在第二天保持充沛的体力与精力，还有助于缓解行经头痛、痛经等经期不适症状。想要拥有充足优质的睡眠，要多注意以下几个方面：①白天可适当午睡，但时间不宜太久，30分钟即可；②睡前避免饮茶与咖啡，避免进食过饱；③少玩电脑、手机或做其他会让你过于兴奋的事；④早睡早起，尽量在晚上

21:30～22:00上床睡觉，早上7:30左右起床，形成稳定的生物钟。

【切勿贪凉，给子宫保保暖】很多女性因为经期腹部冷痛，在看诊时常常会听到医生关于"宫寒"的诊断。宫寒是中医的说法，多表现为月经失调，如月经量少且色黑、有血块，甚至停经不行；月经前或行经期小腹疼痛，热敷后疼痛可得到缓解；白带稀清且量多等等，严重者可造成不孕。

造成宫寒的原因很多，有些阳虚体质者平时就怕冷，手脚寒凉，容易宫寒。另外，不良生活习惯也容易导致宫寒，尤其是在经期不注意保暖，很容易引起宫寒；而宫寒又会导致月经失调，形成恶性循环。

因此，女性经期一定要注意给子宫保暖，须知道，子宫暖，月经才好。经期保暖注意事项：①注意脚部保暖，平时多用热水洗脚、泡脚，促进脚部血液循环，使全身温暖；②少吃冷饮、冷食；③夏天不要因贪凉而将空调开得过低；④冷空气来袭时要注意保暖，尤其是寒冷冬季，切勿为了美丽而着装单薄；⑤经常快步走，以疏通经脉、调理气血，改善血液循环。

【好心情，挥别经期不适】你是否一到经期，就开始感到莫名焦躁不安、烦闷无比，常常情绪低落，心情也变得抑郁，想发脾气，尤其在月经前和月经期比较明显？其实这都是内分泌在作怪。

一些女性在月经期间的神经和体液调节功能处于不稳定状态，大脑皮层兴奋性改变，体内激素比例不协调，从而造成自主神经功能紊乱，引起身体不适，进而导致情绪上的变化。这些情绪上的变化大多属于经期综合征，不能算月经失调，只要注意一下饮食调理就可以了。另外，平时一定要学会控制自己的情绪，注意保持精神愉快，放松心情，注意休息。如果经期不适症状较为明显或短期内加重，可以在经前适当喝点花草茶，比如玫瑰花茶，以缓解经期不适，调节心情。

【经期运动，舒适放松是关键】有些人担心经期运动会对身体产生不好的影响，因此常常坐着不动，或躺在床上休息。其实，经期适当、合理的运动，不会对身体造成伤害，相反，还可以缓解痛经和经期综合征，对女性健康有益。

经期参与运动可以促进全身血液循环，减轻经期盆腔充血程度，有助于改善小腹下坠、腹痛等不适感受。此外，腹肌、盆底肌的收缩和舒张的交替进行，可促进经血排出，减少月经期子宫收缩时间，减少不适感的持续时间。那么，经期内的运动需要注意些什么呢？首先，要注意强度适宜，舒适放松是关键。毕竟女性在经期身体处于一个相对敏感、脆弱的时期，免疫力较低，体质较弱，做强度较大或运动时间较长的运动容易产生疲劳感，也容易受伤。其次，运动要注意以舒缓的全身性训练为

主，避免单纯下肢的运动训练。运动方式可以选择乒乓球、羽毛球、瑜伽、快步走等，运动量以达到微微出汗为度。

【用对卫生巾，安全体面过经期】卫生巾是专门针对女性经期来设计的，能帮助女性安全体面地度过特殊的这几天。由于女性生殖系统的特殊性，经期非常容易受到病菌侵袭，引起感染，因此，经期卫生用品的选购非常重要。

好的卫生巾应表面清洁、厚薄均匀、封口无损、无漏气现象；手感又轻又软；渗透速度快、吸水性强、粘附性（底部胶条）好、防漏性佳。目前市售卫生巾的种类很多，棉柔、网面、香型及药物卫生巾，应有尽有。挑选时除了要选购正规品牌产品外，更重要的还是要根

据自己实际的使用感受来挑选适合自己的产品。此外，要注意根据实际情况选择多种类型的产品。一般在月经量多的时候，白天需用护翼型，晚间需用夜用型；平时可使用日用型；月经前后，经量较少时可使用超薄型或护垫。这种搭配选择一方面是为了安全、舒适，另一方面也可节省经期花费。

使用时应注意几点：①卫生巾最好即买即用，不要放在卫生间，也不要储存过久，用不完的可专门存放起来；②使用前要净手；③卫生巾和护垫最好2~3小时左右更换1次，即使量少也要坚持更换；④少用、不用药物或香味卫生巾，尤其是敏感体质者；⑤卫生护垫可在月经前后，或旅行、出差等不便情况时使用，平时不宜大量使用。

◎ 女性须知经期十大禁忌

经期是女性比较脆弱的时候，不仅许多食物不能吃，很多事情也是不能做的。也许会有人觉得这样诸多的限制让人不堪其扰，不过，只要想想她对你的"好"，你就必须坚持下去。想要轻松舒适地度过这特殊的几天，有许多禁忌是女性必须知晓的。

【忌食辛辣刺激、油腻、过酸咸的食物】月经期间女性容易疲劳，消化能力减弱，胃口欠佳。因此，油腻、过酸、辛辣刺激、过咸的食物都应该避免摄取。过酸和辛辣刺激的食物，如山楂、酸菜、辣椒、芥末等，具有一定的刺激性，容易引起盆腔血管收缩而导致经血过少甚至突然停止。饮食过咸，则会使体内盐分和水分贮量增多，导致容易出现水肿、头痛等现象。此外，烟酒等刺激性物质对月经也会有一定影响，应注意避免，以免发生痛经或月经紊乱。

【忌吃生冷寒凉的食物】中医认为，血得热则行，遇寒则滞。月经期间食用生冷寒凉的食物，不仅有碍消化，而且还会损伤人体阳气，导致内寒滋生，寒性凝滞，可使经血运行不畅，造成经血过少、痛经。即使在炎热夏季，经期也不宜吃冷饮、冷食，马蹄、菱角、冬瓜、梨等属性偏寒凉的食品也不宜食用。如果在经期内不小心吃了冰冷的食物，或是忍不住喝了冷饮，可以多喝红糖煮生姜水，以促进血液循环，使体内血流顺畅。

【忌过量食用甜食】有不少人认为，经期吃些甜食可改善经期不适，缓解紧张不安的情绪，于是巧克力、蛋糕、泡芙、糖果等甜食，几乎已经成为女性经期的"常备品"。其实，这种做法是错误的。虽然进食高糖类甜食可以起到缓解不适、稳定情绪的作用，但这种缓解只是暂时的，随后会随着血糖的下降再次恢复原状，甚至会造成更大的落差，加重经期不适症状。

【不宜饮浓茶、咖啡、酒、碳酸饮料】经期不适合饮用刺激性饮品。含有咖啡因、酒精等刺激性因子的饮品，例如浓茶、咖啡、酒、碳酸饮料等，饮用过多会使乳房胀痛，对神经和心血管的刺激也较大，容易加重焦虑不安、易怒烦恼等负面情绪，还很容易加重痛经，增加经血量，并会延长经期。另外，女性经期会流失大量铁质，应多补铁。而浓茶中含有的大量鞣酸，以及碳酸饮料中含有的磷酸盐，都会对体内铁质产生化学反应，妨碍铁质的吸收，易造成缺铁性贫血。

【不宜穿紧身裤】一些女性喜欢穿紧身衣裤，这在平时没有太大关系，但在月经期间穿紧身裤则不可取。月经期间穿紧身裤会使局部毛细血管受压，从而影响血液循环，增加会阴摩擦，很容易造成会阴充血水肿。特别是在炎热夏季，穿紧身裤非常不利于阴部湿气散发，加上经血的污染，会给细菌繁殖创造有利条件，容易引发泌尿和生殖道感染。因此，经期宜穿透气性好、吸湿性强的棉质内裤，外裤也要稍微宽松，且要勤换洗，保持阴部清洁干燥。

【不宜捶打腰部】不少女性在经期会习惯性地捶打腰部，以缓解行经带来的腰部酸胀或疼痛之感。但这种缓解只是暂时的，经常这样做会引来更大的麻烦。因为经期腰部酸胀多是盆腔充血引起的，若在这时捶打腰背，则会使局部受到震动刺激，导致盆腔进一步充血，血流加速，可导致酸胀感加剧。而且，经期捶打腰部还不利于子宫内膜剥落后创面的修复愈合，子宫容易受到感染而患上急慢性妇科疾病，还会导致月经量增多或经期延长。

【**不能贸然拔牙**】可能很少会有牙医在拔牙前，询问你是否在经期，但你自己一定要知道，不能在经期拔牙！因为这样做很容易导致拔牙后出血不止，且量较多，容易感染，不利于伤口愈合；而且拔牙后嘴里也会长时间残留有血腥味，影响食欲，给自己增添不必要的麻烦和痛苦。

【**不宜随意动怒**】受内分泌的影响，很多女性在经期容易出现情绪急躁、精神紧张、神经过敏等不同程度的精神症状（也即经期综合征），因此容易烦躁、好发脾气。

若不注意克制自己，控制好情绪，长期下来还会妨碍脑垂体和卵巢的分泌功能，引起神经和内分泌功能紊乱，导致痛经、闭经、经期延长等疾病的发生。

【**经期禁止性生活**】经期性生活会造成一系列的不良后果，应严格禁止。月经期间，人体内阻止细菌上行感染的抵抗力减弱，若在经期进行性生活，容易导致细菌上行感染，造成各种生殖器官炎症。而且经期盆腔充血，阴道与宫腔都有积血，为细菌繁殖创造良好条件，使感染更易于蔓延和加重，甚至引发不孕。因此，为了身体健康和生育健康，无论在什么情况下，经期性生活都是禁止的。

【**经期不可参加剧烈运动**】女性在经期应避免进行剧烈运动，尤其是参加竞争激烈的比赛，比如长跑、短跑、跳高、跳远、打篮球、踢足球等。剧烈运动会抑制下丘脑功能，造成内分泌系统功能异常，从而干扰正常月经的形成和破坏月经周期的规律性，造成经期出血量增多、经期延长、腹部疼痛等月经失调现象。另外，月经期也应避免游泳，以免导致感染。

体质不同，调理月经也要因人而异

　　有的人怕冷，有的人怕热，有的人月经经常提前，有的人月经喜欢推迟，这其中与个人体质是分不开的。对于不同体质的女性来说，体质不同，月经的调养与养生方式也会有所不同。以下列举几种较为常见的体质特点，你可以根据自己的实际情况选择合适的调养方式。

◎ 阳虚女人，宜保暖、温补

　　阳虚型女性，其月经常常表现为经期推迟、量少、颜色淡、质地稀，常出现小腹隐痛、腰酸无力、面色发白、怕冷畏寒、容易疲劳等现象。这类型的女性调理时宜以温补为主，并注意保暖。日常饮食中可多吃牛羊肉、姜蒜葱、鳝鱼、韭菜等甘温益气的食物，少食黄瓜、梨、藕、西瓜等生冷寒凉的食物。平时要注意保暖，尤其是足部、背部及腹部的防寒保暖，夏季少吹空调、电扇。此外，还可以常做一些舒缓柔和的运动，如慢跑、散步、做广播操等，以及按摩气海、足三里、涌泉等穴位，以调理月经及健康状况。

◎ 阴虚女人，滋阴养血是关键

　　阴虚型的女性月经容易提前，且量少、颜色红、质地稠，平时还会感觉阴道干涩不适，出现性生活疼痛的现象；而且这类型的女性常常会感到手脚心发热，面部潮红或偏红，皮肤干燥，怕热，口干舌燥，容易失眠，经常大便干燥。日常调理应以滋阴、养血、清热为主。饮食中可多吃甘凉滋润的食物，如猪瘦肉、鸭肉、冬瓜、绿豆、百合、芝麻等，少食羊肉、韭菜、辣椒、葱蒜等性温燥烈的食物。生活中要避免熬夜、剧烈运动和在高温酷暑下工作，宜节制房事，中午适当午休。

◎ 气虚女人，要补气养血

气虚型的女性常常会出现月经提前，月经量多、颜色淡、质地稀，经常流虚汗，体弱乏力，说话没劲，容易呼吸短促的现象。日常调理宜补气、养血。饮食中，可以多吃一些具有健脾补气功效的食物，如鸡肉、泥鳅、香菇、红枣、桂圆、黄豆、蜂蜜等，少食空心菜、生萝卜等有耗气作用的食物。平时不宜做大负荷且消耗体力的运动，不做剧烈、出汗量多的运动，应以柔缓运动为主，如散步、瑜伽。

◎ 血瘀女人，宜活血化瘀

血瘀女性月经常常表现为量多、颜色暗紫、质地稠、有血块，多有痛经或小腹胀痛的症状出现。这类型的女性皮肤常干燥、粗糙、暗淡，刷牙时容易牙龈出血，眼睛经常有红血丝，容易烦躁。日常调理应注意活血化瘀、疏肝解郁。饮食中可多吃黑豆、海带、紫菜、胡萝卜、黑木耳、香菇、橙子等，并注意少食油腻肥甘的食物，比如肥肉；保持充足的睡眠，但不可过于安逸；经常做一些可以促进气血运行的运动项目，如太极拳、舞蹈、散步等。

◎ 气郁女人，注意行气、解郁

这类型的女性月经经期容易错后，月经量少，月经颜色暗红或有血块，行经时常有小腹胀痛现象，就算暖一下也不能缓解。气郁型的女性往往精神抑郁，多愁善感，食欲不振，经常闷闷不乐，容易心慌失眠，闭经往往提前出现。日常调理应注意行气、解郁、安神、醒神。饮食中可增加小麦、海带、萝卜、金橘、山楂、葱蒜等，睡前避免饮茶、咖啡等饮品；并且宜多参加户外活动和集体运动，多交朋友，及时排解不良情绪。

◎ 湿热女人，重在祛湿、清热

湿热体质女性的月经容易淋漓不净，有时候会在两次月经间出现出血现象，又叫经间期出血（也称排卵期出血），月经常表现为颜色深红、质地稠，平时带下量多且色黄，小腹常痛，容易出现心烦易怒、口苦咽干的现象。日常调理应以清热祛湿、疏肝利胆为主。饮食宜清淡，多吃甘寒、甘平的食物，如空心菜、苋菜、芹菜、黄瓜、绿豆等，少食辛温助热的食物；不要熬夜或过于劳累；平时适合做强度大、运动量大的锻炼，如中长跑、游泳等。

Part 2

不同阶段女人
——学会管理好自己的月经

你知道不同阶段女性月经的特点吗？你懂得如何根据自身状况吃对经期食物吗？日常养护中又有哪些细节应该注意呢？无论你是正处于青春期、婚育期、更年期，还是老年期的女性朋友，我们都将为你解答疑惑，一一道来。

青春期女孩经期调养

◎ 初潮，女孩成熟的标志

女孩第1次月经称为月经初潮。月经初潮是女孩进入青春期的一个重要标志，是女性正常的生理现象。女性从月经来潮至生殖器官发育成熟，一般在12~18岁。此间，全身及生殖器官处于迅速发育阶段，性功能日趋成熟，第二性征明显。

◎ 青春期女孩月经特点

大多数女孩在12~14岁时开始来月经，可以早至11岁，或迟至16岁。月经的周期一般为28~30天，每次经期来潮持续时间为3~7天（大多数为4~5天），出血量为30~80毫升。情绪的波动、运动量过大、学习压力以及环境气候的变化，都会影响月经的周期。由于青春期女孩卵巢功能尚不稳定，所以在月经初潮后往往容易出现月经不规律的现象，可能会间隔数月、半年或者更长时间再行经一次，大概在两年左右会逐渐形成规律，按每月一次的规律来潮。青春期女孩的月经会影响到身体的正常发育。在此时期需非常注意营养的供给及养成良好的生活习惯。

◎ 饮食调养要点

【均衡营养，不可挑食】青春期女孩一旦开始发育，对营养的需求非常大，而且身体会出现脂肪堆积的生理特征，因此，无论在行经期还是其他时候，都要注意饮食营养，不可挑食，也不宜偏食、过量饮食。青春期女孩生理期的饮食最好是供给含有高蛋白质、高维生素、适量糖类、适量纤维素和脂肪的食物，适当增加饮食中蔬菜、水果、豆类、瘦肉和鱼类的摄入量。

【补充优质蛋白质和铁质】青春期女孩在月经期间抵抗力会有所下降，补充足量的优质蛋白质有助于增加营养，提升免疫力，可多摄入牛奶、鸡蛋、瘦肉、鱼类等。补铁养血是青春期女孩经期饮食中不可缺少的部分，可多吃猪肝、猪血、菠菜、胡萝卜等食物，月经干净后还可以喝些红枣茶、葡萄干粥，不但可以起到补血养血的作用，还有助于美容润肤。

【饮食宜清淡、易消化】月经来潮初期，有的女孩子会出现食欲变差、情绪波动较大的现象，甚至会感到腰痛、腰酸、腹胀、腹痛等不适症状，这时不妨吃一些营养较为丰盛，又清淡开胃、容易消化的食物，例如红枣小米粥、鸡肝碎面条、西蓝花鳕鱼粥等；还要注意多饮温开水，保持大便通畅，减轻盆骨充血的程度，缓解经期不适症状。

【不吃生冷、辛辣刺激食物】 过分生冷的食物会降低血液循环的速度，进而影响子宫的收缩及经血的排出，引起痛经、月经不调等，因此青春期女孩经期应避免食用梨、西瓜、柿子、香蕉等寒性水果，菜肴也要经过烹调加热后食用。即使在夏季炎热的时候，也不能吃冷食，忌喝冷饮。辛辣刺激的食物，比如花椒、胡椒、辣椒等，最好也不要吃。

◎ 明星调养食物

玉米、白菜、菠菜、胡萝卜、鸡蛋、鸡肉、猪瘦肉、草鱼、鳕鱼、花生、桂圆、核桃、红枣、牛奶

◎ 生活调养要点

【注意经期卫生，勤换卫生巾】 月经血对细菌来说，是一个非常好的培养基。因此，不管月经量多少都要2~3小时更换一次卫生巾，以免引起细菌滋生，增加感染的机会。卫生巾最好选用正规厂家生产的柔软亲肤用品，不能用消毒不严格的卫生巾或草纸来代替。同时，在月经期间一定要每天清洗一次外阴，但不要采取坐浴的方式，以免脏水进入阴道，引起细菌感染。

【注意休息，保证充足的睡眠】 月经期间一定要注意休息，这样对增强体质、恢复精力大有益处。

【保持情绪稳定，不要惊慌失措】 青春期女孩月经期间可能并发胸部胀痛、腰酸、嗜睡、疲劳乏力、下腹酸胀或疼痛等症状，这些属于正常现象，不要过于惊慌，也不要心烦抑郁，保持情绪稳定、心情舒畅就可以减轻这些不适感。如果感觉特别不舒服，要及时告诉家长或老师。

【月经期间不宜剧烈运动】 经期要避免身体或精神过度劳累，如果碰上体育课，可照常参加一些轻松的运动，比如体操、打羽毛球或乒乓球等，但不要剧烈运动，也不能游泳。

青春期女孩经期调养食谱

扫一扫看视频

蒸芹菜叶

- **材料** 芹菜叶45克，面粉10克，姜末、蒜末各少许
- **调料** 鸡粉少许，白糖2克，生抽4毫升，陈醋8毫升，芝麻油适量
- **做法**

①取1个碗，倒入蒜末、姜末、生抽、鸡粉、芝麻油、陈醋、白糖，拌成味汁，倒入味碟。

②洗净的芹菜叶装入蒸盘，撒上面粉，拌匀，蒸锅上火烧开，放入蒸盘。

③用中火蒸约5分钟，至菜叶变软，取出蒸盘，待芹菜稍冷后切成小段。

④再取1个盘子，放入切好的芹菜叶，食用时佐以味汁即可。

🌿 调理功效

芹菜叶有平肝清热、清肠利便、降低血压、健脑镇静等功效，适合女性经期食用。

🌿 调理功效

本品清淡鲜美，爽口解腻。银耳是美容佳品，胡萝卜富含各种维生素，青春期女孩在经期适量食用，对身体有好处。

银耳素烩

- **材料** 水发银耳、去皮胡萝卜各80克，去皮莴笋70克，海苔20克，清汤100毫升
- **调料** 盐1克，水淀粉5毫升，食用油适量
- **做法**

①泡好的银耳去根，撕成块；莴笋修成柱体，切片；胡萝卜修成柱体，切片。

②锅中注清汤烧热，加盐、银耳，氽后捞出；舀出少许清汤浸泡海苔，待清汤再次沸腾时倒入莴笋片、胡萝卜片，煮熟后捞出。

③电蒸锅注水烧开，加银耳，蒸熟后取出，两侧摆好莴笋片、胡萝卜片，两头放海苔；加热剩余清汤，倒入水淀粉、食用油搅成酱汁，淋入食材上即可。

蟹味菇木耳蒸鸡腿

- ●材料 蟹味菇150克，水发木耳90
  克，鸡腿250克，葱花少许
- ●调料 生粉50克，盐2克，料酒、生
  抽各5毫升，食用油适量

●做法

① 泡发好的木耳切碎，洗净的蟹味菇切去根部。

② 处理好的鸡腿剔去骨，切成小块，装入碗中。

③ 加入盐、料酒、生抽、生粉、食用油，拌匀，腌15分钟。

④ 取1个蒸盘，倒入木耳、蟹味菇、鸡腿肉，待用。

⑤ 蒸锅置于火上，注入适量清水烧开，放上鸡腿肉。

⑥ 盖上锅盖，用大火蒸约15分钟至食材熟透。

⑦ 掀开锅盖，取出煮好的鸡腿肉，撒上葱花即可。

调理功效

蟹味菇具有增强免疫力、延缓衰老等功效，适合一般人群食用，青春期食用更佳。

扫一扫看视频

肉末炒青菜

- ●材料　上海青100克，肉末80克
- ●调料　盐1克，料酒、生抽、食用油各适量

- ●做法

①洗净的上海青切成细条，再切成碎末，备用。

②炒锅中注油烧热，放入肉末，炒散。

③淋入料酒、生抽，倒入上海青，翻炒均匀。

④加入少许盐，炒匀，注入清水，用大火煮至沸。

⑤关火后盛出炒好的菜肴即可。

扫一扫看视频

🍃 调理功效

上海青和肉末同炒，不仅可以清热解毒、润肠通便等，还可保护视力。

桂圆炒海参

- ●材料　莴笋、水发海参各200克，桂圆肉50克，枸杞、姜片、葱段各少许
- ●调料　盐、鸡粉各4克，料酒10毫升，生抽、水淀粉各5毫升，食用油适量

- ●做法

①洗净去皮的莴笋切片。

②锅中注水烧开，加盐、鸡粉、海参、料酒，煮1分钟。

③倒入莴笋、食用油，煮1分钟，捞出待用。

④用油起锅，爆香姜片、葱段，倒入莴笋、海参，炒匀。

⑤加盐、鸡粉、生抽，用水淀粉勾芡，放入桂圆肉、枸杞，炒匀盛出即可。

扫一扫看视频

🍃 调理功效

海参含有多种营养成分，有抗衰老的功效，在经期食用还可补充身体所需维生素。

圆椒鲜丸

推荐食谱

● 材料　虾丸60克，鱼丸50克，圆椒70克，葱段、姜片各少许

● 调料　盐、鸡粉各1克，生抽、料酒、水淀粉、芝麻油各5毫升，食用油适量

● 做法

① 圆椒去籽，制成盅；鱼丸、虾丸切开，切上花刀。

② 沸水锅中放入圆椒盅，氽至断生，捞出，装盘待用。

③ 锅中倒入虾丸、鱼丸，氽至断生，捞出，装盘待用。

④ 用油起锅，放入葱段、姜片，爆香，倒入虾丸、鱼丸，翻炒数下。

⑤ 加料酒、生抽、清水，放入盐、鸡粉、水淀粉、芝麻油，炒匀调味，关火后将菜肴盛入圆椒盅即可。

调理功效

圆椒含有大量维生素C，能预防坏血病。本品营养丰富，是经期滋补佳品。

枣泥肝羹

- **材料** 西红柿55克，红枣25克，猪肝120克
- **调料** 盐2克，食用油适量

● **做法**

①锅中注水烧开，放入西红柿烫一会儿，捞出，放凉待用。

②将放凉的西红柿剥去表皮，切小瓣，改切成小块。

③红枣切开，去核，切条形，剁碎。

④处理好的猪肝切条形，改切成小块。

⑤取榨汁机，选择绞肉刀座组合，倒入猪肝，盖上盖。

⑥选择"绞肉"功能，搅成泥，断电后取出猪肝泥，装入蒸碗中。

⑦倒入西红柿、红枣，加入盐、食用油，拌匀，腌10分钟。

⑧蒸锅上火烧开，放入蒸碗，用中火蒸15分钟至熟。

⑨取出蒸好的食材，待放凉后放入碗中即可。

扫一扫看视频

🌱 调理功效

猪肝含有维生素A、维生素B₂、钙、铁、锌等营养成分，可补肝明目和养血。

牛奶香蕉蒸蛋羹

●材料　牛奶150毫升，香蕉100克，鸡蛋80克

●做法

①香蕉去皮切条，再切小段待用。

②取1个碗，打入鸡蛋，搅散、调匀，制成蛋液。

③取榨汁机，倒入香蕉、牛奶，盖上盖，选定"榨汁"键，开始榨汁。

④将香蕉汁倒出，和蛋液放入蒸碗，撇去浮沫，封上保鲜膜。

⑤蒸锅上火烧开，放上蒸碗，中火蒸10分钟至熟，取出即可。

🌿 调理功效

鸡蛋和牛奶、香蕉均是适合经期女孩食用的良好食材，对身体十分有益。

扫一扫看视频

芝麻糯米枣

●材料　红枣30克，糯米粉85克，熟白芝麻少许

●调料　冰糖25克

●做法

①洗净的红枣切开去核；糯米粉中注入清水，调成面团。

②取部分面团，搓成长条，再制成面片，放入红枣中，制成糯米枣生坯。

③锅中注入适量清水烧开，放入冰糖，边煮边搅拌。

④倒入生坯，拌匀，用中火煮约3分钟，至食材熟透。

⑤关火后盛出煮好的糯米枣，装入碗中，撒上熟白芝麻即成。

🌿 调理功效

红枣有益气补血、宁心安神、益智健脑等功效，尤其适合经期女性食用。

扫一扫看视频

豌豆奶油浓汤

● 材料　豌豆85克，黄油40克，淡奶油70克

● 调料　盐2克，白糖、鸡粉各少许

● 做法

① 奶锅注水烧开，加入豌豆、盐，煮至沸，倒入黄油。

② 大火煮开后转小火煮15分钟，关火后盛出，待用。

③ 备好榨汁机，倒入汤料，盖上盖，启动榨汁机。

④ 将榨好的食材倒入碗中，再倒入奶锅内，开火加热。

⑤ 加入盐、白糖、鸡粉，搅拌调味。

⑥ 倒入淡奶油，稍煮片刻，关火后将煮好的汤料盛入碗中即可。

🌱 调理功效

豌豆营养丰富，有抗菌消炎、增强新陈代谢、防癌抗癌等功效，经期女性可常吃。

黄豆鸡肉杂蔬汤

●材料　鸡肉、水煮黄豆各50克，包菜
　　　　60克，香菇15克，大葱20克，
　　　　去皮胡萝卜10克，芝士粉3克
●调料　盐3克，胡椒粉4克，番茄酱
　　　　100克
●做法
①洗净的包菜切块，胡萝卜切片，大葱
切圆丁，香菇去蒂切块。
②洗净的鸡肉切块，装碗，加盐、胡椒
粉，拌匀，腌至入味。
③锅中注水烧开，倒入事先煮熟的黄
豆、鸡肉、胡萝卜片、大葱丁，煮熟。
④倒入香菇块、包菜、番茄酱，稍煮，
加盐、胡椒粉，调味。
⑤关火后盛出汤品，装碗，撒上芝士粉
即可。

🌱 调理功效

扫一扫看视频

青春期女孩在月经期间抵抗力
会有所下降，此菜可以为其补
充优质蛋白质，增强免疫力。

红枣山药炖猪脚

●材料　猪蹄230克，红枣30克，去皮
　　　　山药80克，姜片少许
●调料　盐、鸡粉各1克，胡椒粉2克，
　　　　冰糖15克，料酒5毫升
●做法
①洗好的山药切滚刀块。
②沸水锅中倒入猪蹄、料酒，汆去血水
和脏污，捞出。
③砂锅中倒入猪蹄、冰糖，注入清水，
大火煮开，倒入红枣、姜片，搅匀。
④加盖，再次煮开后转小火炖30分钟；
揭盖，倒入山药，搅匀。
⑤加盖，大火煮开后转小火炖60分钟；
揭盖，加盐、鸡粉、胡椒粉，调味后盛
出即可。

🌱 调理功效

扫一扫看视频

猪蹄是优良的美容佳品，可以
丰肌润肤，善补元气，可提高
经期女孩的免疫力。

扫一扫看视频

🌿 调理功效

三文鱼清淡、易消化，可以为
经期女性及时补充优质蛋白质
和铁质。

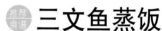
三文鱼蒸饭

- **材料** 水发大米150克，金针菇、三文
鱼各50克，葱花、枸杞各少许
- **调料** 盐3克，生抽适量

●做法

①洗净的金针菇去根，切小段；三文鱼
切丁。

②将三文鱼装碗，加入适量盐，拌匀，
腌渍片刻。

③取1个碗，倒入大米，加清水、生
抽、鱼肉、金针菇，拌匀。

④蒸锅注水烧开，放上碗，中火蒸40分
钟至熟；取出，放上葱花和枸杞即可。

早餐麦片鸡蛋粥

- **材料** 燕麦片40克，鸡蛋1个，胡萝
卜丁、豌豆各5克
- **调料** 冰糖5克

●做法

①鸡蛋打入碗中，搅匀成蛋液，待用。

②洗净的焖烧罐中放入胡萝卜丁、豌
豆、燕麦片，注入开水至八分满。

③盖上盖，摇匀食材，预热30秒；取下
盖子，倒出水分。

④焖烧罐中放入冰糖、蛋液，注入开水
至八分满。

⑤焖2小时成粥品，将粥品装碗即可。

扫一扫看视频

🌿 调理功效

这道早餐麦片鸡蛋粥营养全
面，清淡健康，还不易致发胖，
是青春期女孩的早餐优选。

茴香鸡蛋饼

- ●材料　茴香45克，鸡蛋液120克
- ●调料　盐2克，鸡粉3克，食用油适量

●做法

① 将洗净的茴香切小段。

② 把茴香倒入鸡蛋液里，加入盐、鸡粉，调匀。

③ 用油起锅，倒入混合好的蛋液，煎至成形，煎出焦香味。

④ 将鸡蛋翻面，续煎片刻，至鸡蛋两面均呈焦黄色。

⑤ 将煎好的鸡蛋饼盛出。

⑥ 把鸡蛋饼切成扇形块。

⑦ 将鸡蛋饼装盘即可。

🌱 调理功效

本品有健脑益智、保护肝脏、开胃消食等功效，有助于青春期女性的生长发育。

扫一扫看视频

推荐食谱 豆奶南瓜球

扫一扫看视频

●**材料** 黑豆粉150克，南瓜300克，牛奶200毫升

●**调料** 白糖适量

●**做法**

① 洗净去皮的南瓜去瓤，用挖球器挖成球状，备用。

② 砂锅中注入适量清水，倒入南瓜球。

③ 盖上锅盖，用大火煮约20分钟至其熟软。

④ 揭开锅盖，捞出南瓜，装入盘中。

⑤ 砂锅中倒入牛奶，用中火烧热，加入黑豆粉，续煮20分钟，加入白糖，拌至溶化。

⑥ 关火后将煮好的豆奶盛入碗中，倒入南瓜球即可。

调理功效

南瓜含有可溶性纤维，可帮助经期女性养胃消食、清热解毒、增强免疫力等。

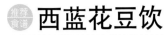

西蓝花豆饮

- ●材料　西蓝花100克，豆浆120毫升
- ●调料　蜂蜜20克

●做法

① 洗净的西蓝花切块，倒入沸水锅，焯至断生。

② 捞出西蓝花，倒入榨汁机。

③ 加入豆浆，盖上盖，榨约25秒成蔬菜豆浆。

④ 揭开盖，将蔬菜豆浆倒入杯中，淋上蜂蜜即可。

🌱 **调理功效**

西蓝花被誉为"蔬菜皇冠"，和豆浆榨成汁，不仅食用方便，更能促进营养吸收。

扫一扫看视频

山药枸杞豆浆

- ●材料　枸杞15克，水发黄豆60克，山药45克

●做法

① 洗净的山药去皮，切成小块。

② 将已浸泡8小时的黄豆倒入碗中，加水洗净。

③ 将黄豆倒入滤网中，沥干水分。

④ 把黄豆倒入豆浆机中，放入枸杞、山药，注水至水位线。

⑤ 盖上豆浆机机头，选择"五谷"程序，再选择"开始"键，开始打浆。

⑥ 待豆浆机运转约15分钟，即成豆浆，滤入杯中，撇去浮沫即可。

🌱 **调理功效**

山药和枸杞均可美容嫩肤，制成豆浆食用，还能促进青春期女孩生长发育，补充营养。

扫一扫看视频

婚育期女性经期调养

◎ 月经愈好，女人愈美

月经要靠体内的五脏六腑的全力配合来完成，它通常可以反映身体的症状，因此，女性的月经期正是身体健康的风向标。女性月经周期、经量以及经前的症状常暗示着身体的健康与否，女性月经若经量正常、时间规律，通常气血也会通畅，身体健康。婚育期的女性需特别留意自己的月经，因为正常的月经也正是好"孕"的开始。

◎ 婚育期女性月经特点

行经是一个持续的过程，激素不断发生变化，然后导致内膜的增厚、排卵，假如怀孕没有发生，内膜就会继续脱落，可以说，女性月经的正常与否会直接影响怀孕。一般20～30岁的女性月经会比较规律，包括月经周期、经量，而一般月经规律的女性若出现月经长时间没有来，则应做相关检查确认是否怀孕，因为妊娠期间的女性没有月经。一般情况下，20几岁的女性容易受痛经的困扰，如果痛经随年龄的增长而越来越严重，则应警惕子宫内膜炎，如果除了痛经还伴有性生活疼痛者应更加注意；30岁左右的女性易受PMS（经前综合征）困扰，若出现痛经和出血量过多，则应警惕子宫内膜炎或子宫肌瘤的症状。

◎ 饮食调养要点

【保证热量供给充足】对于20～30岁的女性来说，如果长期没有摄入足够的热量，使体重保持在正常范围以内，则生育力下降的可能性会很大。婚育期女性在月经期间，以及经期前后几天，每天应供给2200千卡的热量，可适量增加400千卡左右。

【保证蛋白质摄入充足】蛋白质是构成生命体的重要组成部分，备孕女性在月经期间饮食中蛋白质含量应保证在40～60克，

高龄的备孕女性则更要注重优质蛋白质的供给，尽量选择瘦肉、鱼类、牛肉等易吸收的食物。

【摄入多种维生素和钙】怀孕以后，孕妇对钙的需求量会更大，宝宝会吸走妈妈身体的钙质及其他营养，所以在孕前一定要做好充足的准备。月经期间摄入足够的维生素和钙质，有利于女性的身体健康。

【少食辛辣食物】辛辣食物刺激性比较大，多食可能加重痛经、月经紊乱。若备孕期的女性大量食用这类食品，易出现消化功能障碍，影响营养的摄入量。

【均衡营养，饮食多样化】一般情况下，女性在计划怀孕前的3个月至半年，应注意饮食调理，做到平衡膳食，从而保证摄

入均衡适量的蛋白质、脂肪、维生素、矿物质等营养素，这些营养素是胎儿生长发育的物质基础。婚育期女性的饮食应选择多种肉类、蔬果、主食、奶制品等搭配食用，以保证摄入的营养素全面。

◎ 明星调养食物

动物肝脏、排骨、猪蹄、鸡蛋、芥菜、菠菜、生菜、芦笋、小白菜、胡萝卜、花菜、西红柿、龙须菜、苹果、葡萄

◎ 生活调养要点

【避免捶背】月经期间由于盆腔出血，很容易腰酸腿痛，这时尽量要避免捶背，由于局部震动会让子宫内膜不容易愈合，这样会增加月经血液量，会让月经时间加长。

【注意休息，调适心情】20～30岁的女性有一定的工作压力，会有熬夜加班的现象，如果长期熬夜、不注意休息，会抑制脑下垂体的功能，使卵巢不再分泌女性荷尔蒙及排卵，月经也会开始紊乱。同样，长期的心情压抑、压力大，也会加重月经期间的痛经等症状。因此，在月经期间多注意放松心情，早睡早起，忌熬夜。

【避免剧烈运动】月经期间可以适当地到户外去走走路，散散步，但是不可进行跑步、跳绳等剧烈运动，以免造成体内排泄的不畅，影响身体。

推荐食谱
豆皮南瓜卷

- ●材料　豆腐皮45克，南瓜200克，紫菜1张，鸡胸肉85克，葱花少许
- ●调料　盐、鸡粉各2克，白糖少许，生抽3毫升，料酒4毫升，食用油适量

●做法

① 去皮洗净的南瓜切成片，备用。

② 蒸锅中注水烧开，放入南瓜片、鸡胸肉，用中火蒸约20分钟。

③ 关火后取出蒸熟的食材，放凉，切成碎末，碾成泥状，待用。

④ 用油起锅，倒入肉末，炒匀，淋入生抽、料酒，加盐、鸡粉、白糖。

⑤ 用中火快速翻炒至食材入味，撒上葱花，炒出香味。

⑥ 倒入南瓜泥，翻炒至食材混合均匀。

⑦ 关火后盛出炒好的材料，装入盘中，即成馅料，待用。

⑧ 把豆腐皮铺开，盛入馅料，放上紫菜，压紧，制成南瓜卷。

⑨ 将做好的南瓜卷切成小块，装入盘中即可。

扫一扫看视频

🍵 调理功效

南瓜含有多种维生素和营养物质，婚育期食用，可以补充热量，缓解经期不适。

推荐食谱 蜂蜜蒸红薯

- ●材料　红薯300克
- ●调料　蜂蜜适量

●做法

①洗净去皮的红薯修平整，切成菱形状，备用。

②把切好的红薯摆入蒸盘中，备用。

③蒸锅中注水烧开，放入蒸盘。

④盖上锅盖，用中火蒸约15分钟至红薯熟透。

⑤揭盖，取出蒸盘，待稍微放凉后浇上蜂蜜即可。

 调理功效　　　 扫一扫看视频

红薯能促进胃肠蠕动，预防便秘和结肠、直肠癌，经期食用对身体大有裨益。

推荐食谱 鸡丝豆腐干

- ●材料　鸡胸肉150克，豆腐干120克，红椒30克，姜片、蒜末、葱段各少许
- ●调料　盐2克，鸡粉3克，生抽2毫升，水淀粉、料酒、食用油各适量

●做法

①洗净的豆腐干切条，红椒去籽切丝，鸡胸肉切成丝。

②将鸡丝装碗，加盐、鸡粉、水淀粉、食用油，腌至入味。

③热锅注油烧热，倒入豆腐干炸香，捞出，备用。

④锅底留油，爆香红椒、姜片、蒜末、葱段，倒入鸡丝、料酒，炒香。

⑤倒入豆腐干，拌炒匀，加盐、鸡粉、生抽，用水淀粉勾芡，盛出即可。

 调理功效　　　 扫一扫看视频

鸡肉可改善缺铁性贫血，豆腐干能补充人体所需矿物质，婚育期女性经期可食用。

推荐食谱 三色杏鲍菇

扫一扫看视频

●**材料** 芥菜80克，杏鲍菇100克，去皮胡萝卜70克，蒜末、姜末、葱段各少许

●**调料** 盐、鸡粉各1克，生抽、水淀粉各5毫升，食用油适量

●**做法**

① 洗净的芥菜切段；胡萝卜切片；杏鲍菇去根，切片。

② 沸水锅中倒入杏鲍菇，氽至断生，捞出，装盘待用。

③ 锅中再倒入胡萝卜片，氽至断生，捞出待用。

④ 倒入芥菜，氽至断生，捞出待用。

⑤ 用油起锅，倒入蒜末、姜末、葱段、杏鲍菇，炒匀。

⑥ 加入生抽，放入胡萝卜片、芥菜，炒匀，放入盐、鸡粉，加入清水、水淀粉，炒匀收汁即可。

调理功效

这是一道膳食纤维丰富的健康素菜，婚育期女性经期食用可以补充足量的维生素。

推荐食谱 黄豆焖猪蹄

- ●材料　猪蹄块400克，水发黄豆230克，香叶、姜片各少许
- ●调料　盐、鸡粉各2克，生抽、老抽各3毫升，料酒、水淀粉、食用油各适量
- ●做法

①锅中注水烧开，倒入猪蹄、料酒，汆去血水，捞出。

②用油起锅，爆香姜片，倒入猪蹄、老抽，炒匀上色。

③放入香叶，注水，至没过食材，用中火焖约20分钟。

④倒入黄豆，加盐、鸡粉、生抽，小火煮40分钟至食材熟透。

⑤拣出香叶、姜片，用水淀粉收汁，盛出即可。

调理功效

黄豆含有蛋白质、大豆异黄酮，经期女性常食，能健脾宽中、增强免疫力，还有助于改善经期各种皮肤问题。

推荐食谱 杯子肉末蒸蛋

- ●材料　鸡蛋2个，猪肉末50克，葱花3克
- ●调料　盐、鸡粉各2克，生抽5毫升，料酒、食用油各3毫升

- ●做法

①鸡蛋打入碗中，放入猪肉末，加盐、鸡粉、料酒、生抽、食用油，拌匀。

②注入适量开水，搅匀，将食材倒入杯中，封上保鲜膜，待用。

③电蒸锅注水烧开，放入食材，加盖，蒸10分钟至熟。

④揭盖，取出食材，撕开保鲜膜，撒上葱花即可。

调理功效

鸡蛋和猪肉均是女性经期的良好食材，滋补效果显著，还有助于缓解各种胃肠不适症状，婚育期女性可常食。

🥄 调理功效

排骨具有滋阴壮阳、益精补血等功效，婚育期女性食用，可以为身体提供丰富的钙质，对缓解经期各种不适症状有帮助。

扫一扫看视频

🥄 调理功效

墨鱼可以养血、催乳、补脾、益肾，经期食用可通畅气血，有利于女性备孕。

芋头排骨煲

- ●材料　芋头400克，排骨250克，葱花适量
- ●调料　盐2克

●做法

①洗净去皮的芋头切丁；锅中注水烧开，倒入排骨，氽去杂质，捞出。

②锅中注水烧热，倒入排骨，大火煮开后转小火焖20分钟。

③倒入芋头块，拌匀，小火续焖10分钟至熟透。

④加入盐，搅拌调味，关火，将煮好的菜肴盛出，撒上葱花即可。

水晶墨鱼卷

- ●材料　墨鱼片220克，鸡汤150毫升，姜汁适量
- ●调料　盐、鸡粉各少许，料酒5毫升，水淀粉、食用油各适量

●做法

①洗净的墨鱼片切上花刀。

②锅中注入适量清水烧开，倒入墨鱼片、部分姜汁、料酒，氽片刻，至鱼身卷起，捞出，备用。

③用油起锅，注入鸡汤，倒入余下的姜汁、墨鱼片、鸡粉、盐。

④淋上料酒，炒匀炒香，再用水淀粉勾芡，至墨鱼熟透。

⑤关火后盛出菜肴，装在盘中，摆好盘即可。

冬菜蒸白切鸡

- ●材料　白切鸡800克，冬菜80克，枸杞15克，姜末、葱花各少许
- ●调料　盐、鸡粉各2克，胡椒粉、食用油各适量

●做法

①处理好的白切鸡斩成块，装入碗中，备用。

②加入备好的冬菜，放入适量盐、鸡粉、胡椒粉，搅匀。

③蒸锅中注入适量清水烧开，放上拌好的白切鸡。

④盖上锅盖，中火蒸20分钟至熟软。

⑤掀开锅盖，取出白切鸡。

⑥取一个盘子，将蒸好的白切鸡倒扣在盘里。

⑦依次将姜末、枸杞、葱花放在鸡肉上，待用。

⑧热锅注油，烧至八成热，将热油浇在鸡肉上即可。

调理功效

鸡肉具有增强免疫力、益气补血、增进食欲等功效，经期食用可以调节激素水平，减缓经期疼痛。

扫一扫看视频

推荐食谱 黄豆白菜炖粉丝

扫一扫看视频

●材料　熟黄豆150克，水发粉丝200克，白菜120克，姜丝、葱段各少许

●调料　盐2克，鸡粉少许，生抽5毫升，食用油适量

●做法

①将洗净的白菜切长段，再切粗丝。

②用油起锅，撒上姜丝、葱段，爆香。

③倒入白菜丝，炒匀，淋入少许生抽，炒匀。

④注水煮至沸，倒入黄豆，拌匀。

⑤加入少许盐、鸡粉，拌匀调味，续煮5分钟。

⑥揭盖，倒入洗净的粉丝，搅散，煮至熟软。

⑦关火后盛出煮好的菜肴，装在碗中即可。

调理功效

婚育期女性在经期应保证均衡的营养，此菜味道鲜美，食材丰富，适合婚育期女性食用。

鱼丸炖鲜蔬

●材料　草鱼300克，上海青80克，鲜香菇45克，胡萝卜70克，姜片少许

●调料　盐3克，鸡粉4克，胡椒粉、水淀粉、食用油各适量

●做法

①洗净的香菇切片；胡萝卜去皮切片；上海青对半切开，修整齐。

②草鱼取肉，剁碎，装碗，加盐、鸡粉、胡椒粉、水淀粉，拌制成鱼丸。

③锅中注水烧开，放入鱼丸，煮至其浮在水面上，捞出，备用。

④另起锅，注水烧热，放入姜片、胡萝卜、上海青、香菇。

⑤加入盐、鸡粉，放入鱼丸，拌匀，煮沸，盛出，装入碗中即成。

调理功效

草鱼有增强体质的作用，香菇利于吸收，此菜味美料鲜，是经期滋补佳品。

扫一扫看视频

紫菜蛋花汤

●材料　水发紫菜100克，鸡蛋50克，葱花3克

●调料　盐2克，黑胡椒粉、食用油各适量

●做法

①将鸡蛋打入碗中，用筷子打散搅匀。

②取一个杯子，放入紫菜，注水。

③电蒸锅注水烧开，将杯子放入锅内。

④盖上盖，调转旋钮定时蒸10分钟。

⑤揭开盖，淋入食用油、蛋液，拌匀，再蒸2分钟。

⑥撒上盐、黑胡椒粉，拌匀，将杯子取出，撒上葱花即可。

调理功效

紫菜可以化痰软坚、清热利水、补肾养心等，婚育期女性食用，对身体健康有利。

扫一扫看视频

椰奶花生汤

推荐食谱

- **材料** 花生100克，去皮芋头150克，牛奶200毫升，椰奶150毫升
- **调料** 白砂糖30克

- **做法**

① 洗净的芋头切厚片，切粗条，改切成块，备用。

② 锅中注入适量清水烧开。

③ 倒入备好的花生，放入切好的芋头，搅拌均匀。

④ 盖上盖，用大火煮开后转小火续煮40分钟至食材熟软。

⑤ 揭盖，倒入备好的牛奶、椰奶，搅拌均匀。

⑤ 盖上盖，用大火煮开。

⑥ 揭盖，加入白糖，搅拌至溶化。

⑦ 关火后盛出煮好的甜汤，装入碗中，待稍凉饮用即可。

扫一扫看视频

🌱 **调理功效**

芋头开胃消食，搭配花生煮汤，还可美白肌肤，婚育期女性食用，滋补效果甚好。

苹果红枣鲫鱼汤 推荐食谱

扫一扫看视频

● 材料　鲫鱼500克，去皮苹果200克，红枣20克，香菜叶少许

● 调料　盐3克，胡椒粉2克，水淀粉、料酒、食用油各适量

● 做法

① 洗净的苹果去核，切成块。

② 往鲫鱼身上撒上盐，淋入料酒，腌10分钟。

③ 用油起锅，放入鲫鱼，煎约2分钟至金黄色。

④ 注入适量清水，倒入红枣、苹果，煮开。

⑤ 加盐，拌匀，加盖，中火续煮5分钟至入味。

⑥ 揭盖，加入胡椒粉、水淀粉，拌匀。

⑦ 关火后将煮好的汤装入碗中，放上香菜叶即可。

调理功效

鲫鱼具有益气补血、清热解毒、利水消肿等功效，是适合女性食用的良好食材。

扫一扫看视频

🌿 调理功效

淡菜对调经活血大有裨益，经期食用羊肉，有很好的补充营养的作用。

羊肉淡菜粥

- ●材料　水发淡菜100克，水发大米200克，羊肉末10克，姜片、葱花各少许
- ●调料　盐、鸡粉各2克，料酒5毫升

●做法

①砂锅注水烧热，倒入泡发好的大米，搅拌片刻。

②盖上盖，大火煮开后转小火煮30分钟至熟软。

③揭盖，倒入淡菜、羊肉、姜片、葱花，淋入料酒，搅匀。

④中火续煮30分钟，加盐、鸡粉，拌至入味，盛出即可。

扫一扫看视频

🌿 调理功效

紫甘蓝防癌抗癌，胡萝卜降压强心，二者搭配成菜，婚育期女性经期食用，可补身养心。

紫甘蓝面条

- ●材料　紫甘蓝90克，熟宽面180克，胡萝卜100克，葱花少许
- ●调料　盐、鸡粉各2克，生抽4毫升，芝麻油3毫升，柱侯酱40克，食用油适量

●做法

①洗净的紫甘蓝切丝，洗净去皮的胡萝卜切丝。

②用油起锅，放入葱花、紫甘蓝、胡萝卜、柱侯酱，炒香。

③倒入备好的熟宽面，放生抽、盐、鸡粉，炒匀。

④加芝麻油，炒匀。

⑤将炒好的面条盛出，装入盘中即可。

银耳红豆红枣豆浆

● **材料** 水发银耳45克，水发红豆50克，红枣8克

● **调料** 白糖适量

● **做法**

①洗净的银耳切块，红枣去核切块。

②将已浸泡6小时的红豆倒入碗中，加水洗净，沥干。

③将红豆倒入豆浆机中，放入红枣、银耳、白糖，注水至水位线。

④盖上豆浆机机头，选择"五谷"程序，再选择"开始"键，开始打浆。

⑤待豆浆机运转约15分钟，即成豆浆，将豆浆滤入杯中即可。

🌱 **调理功效**

常喝此豆浆，可使婚育期女性经量正常、经期规律，气血通畅，身体健康。

扫一扫看视频

挂霜腰果

● **材料** 腰果仁50克

● **调料** 食用油、白糖各适量

● **做法**

①热锅注油烧热，倒入备好的腰果仁，小火炸熟。

②关火后捞出炸好的腰果仁，沥干油，待用。

③另起锅，注水烧热，撒上白糖，拌至糖分溶化，熬成糖浆。

④放入腰果仁，翻炒至裹上糖浆，关火后再炒一会儿，至呈现白霜状晶体。

⑤盛出菜肴，装在盘中，摆好盘即可。

🌱 **调理功效**

腰果热量充足，婚育期食用可以为女性补充足够的能量，维持身体的活动和备孕所需。

扫一扫看视频

更年期女性经期调养

◎ 月经不规律，当心更年期提前

　　我国女性的更年期年龄大部分在45～55岁之间，绝经的年龄在49.5岁左右。很多人认为月经停了才是更年期，但其实绝经只是更年期的一种症状，女性40岁以后出现两次月经不规律，就有可能进入了更年期了，如果进入更年期则应做好更年期的保健工作。

◎ 更年期女性月经特点

　　女性进入更年期后，因卵巢功能的衰退、丧失，体内会缺乏雌性激素，会出现月经紊乱、皮肤松弛、脾气焦躁、失眠等不适症状。更年期的月经特点表现为：月经稀少，月经会出现周期变长的现象，由正常的20～30天变为2～3个月或更长时间行经1次；经量可正常或较前减少，间隔时间逐渐延长至4～5个月或半年才行经1次；月经紊乱，更年期会变为不定期的阴道出血，有时经期延长或变为持续性阴道出血，淋漓不断达1～2月，也可发生大量阴道出血或反复出血，一般持续1～2年，月经即完全停止；不定期绝经，有些女性的绝经会很突然，而有些女性则是逐渐减少，直至月经完全断绝。

◎ 饮食调养要点

　　【控制总热量的摄入】更年期女性的基础代谢率，随年龄增长而逐渐减低，加上月经期间的消化功能有所减弱，若仍然保持平时的进食量，摄入的热量难以消耗，易加重经期烦躁不安的情绪。反之，月经期如果摄入的热量不足，则易导致乏力、头晕、经血不足等症状。更年期女性应根据自身的体重及活动量，来调节月经期摄入食物的总热量。

　　【适量补充富含优质蛋白质的食物】富含优质蛋白质的食物可以有效缓解月经期不适，另外，人体所必需的20多种氨基酸中有8种是人体无法自己合成的，需要从食物中摄取，月经期可增加乳品、蛋、瘦肉、鱼类等易消化的食物摄入。

　　【多补充富含钙、铁的食物】钙有抑制脑神经兴奋的作用，如果人体缺钙月经期就易出现情绪不安、激动等负面情绪，多补充含钙食物有利于保持情绪稳定，同时，钙还有坚固牙齿、预防骨质疏松的作用。含钙丰富的食物主要有骨头汤、豆类及其制品、牛奶等；经期多吃含铁的食物，可预防缺铁性贫血，减轻月经期的不适。

【**饮食宜温热、清淡**】更年期女性体质本身比年轻时弱，各项功能减弱，月经期间更加要注意保持饮食温热，以免引起血瘀气滞。同时，还应限制盐的摄入量，经期食盐量应控制在每天6克以下，因为盐中含大量的钠离子，摄入过多会加重心脏负担，增加血液黏稠度；少食高脂肪、高胆固醇食物，如动物油、肥肉等，烹饪尽量选择植物油，如玉米油、大豆油、花生油等；少食刺激性食物，如辣椒、烟酒、咖啡、浓茶等，人到更年期情绪本身波动较大，吃这些刺激性食物易加重月经期情绪波动。

◎ 明星调养食物

瘦肉、虾、鸡蛋、黄豆、豆浆、芹菜、菠菜、胡萝卜、莲子、百合、红枣、苹果、燕麦、小麦、小米

◎ 生活调养要点

【**定期体检**】绝经期前后是女性生殖器肿瘤的高发时期，应养成定期体检的好习惯，特别是对子宫和乳房的检查，如果出现月经不正常现象要及时检查。

【**保证良好的睡眠**】月经期起居要规律，按时睡觉和起床，保证每天8小时的睡眠时间，这样有利于减轻月经期的不适症状。

【**劳逸结合**】更年期女性容易烦闷，因此在月经期间可适当散散步，呼吸一下新鲜空气，结合自己的兴趣听听音乐、看看书，这样可减轻月经期间不良情绪。

【**学会自我调节**】更年期是人生必经的阶段，对于更年期的各种症状应有心理准备，进入更年期后尽量以平静的心态面对各种生理和心理上的变化，并认同已经发生变化的自己，及时地做好心理调整。当月经期间出现烦躁不安等情绪时，应注意宣泄，但要注意把握度，既不要压抑，也不要失控，可多与他人倾诉、交流，采取和缓的宣泄方式。

【**注意清洁卫生**】女性进入更年期后，阴道黏膜缺乏雌性激素的刺激和支持，上皮细胞内的糖原量减少，局部抵抗力会下降，因此，应特别注意月经期的清洁卫生。在月经期每天用温水清洗1次私处，选择固定的清洗盆、毛巾；经期选用的卫生纸宜柔软舒适，卫生巾要勤更换。

扫一扫看视频

🥄 调理功效

芹菜含铁，是缺铁性贫血患者的食疗佳蔬，更年期食用还可减轻经期情绪波动。

清炒海米芹菜丝

- **材料** 海米、红椒各20克，芹菜150克
- **调料** 盐、鸡粉各2克，料酒8毫升，水淀粉、食用油各适量

- **做法**

①洗净的芹菜切段，洗好的红椒去籽切丝，备用。

②锅中注水烧开，放入海米、料酒，煮1分钟，捞出。

③用油起锅，放入海米、料酒、芹菜、红椒，拌炒匀。

④加入盐、鸡粉，炒匀，用水淀粉勾芡后盛出即可。

扫一扫看视频

🥄 调理功效

更年期女性食用豆腐皮，可以为身体补充钙质，还可缓解经期不适。

豆皮蔬菜卷

- **材料** 豆腐皮80克，瘦肉165克，生菜75克，火腿肠55克，黄瓜85克，葱条少许
- **调料** 甜面酱12克，鸡粉少许，料酒4毫升，生抽5毫升，食用油适量

- **做法**

①洗净的黄瓜、火腿肠、生菜、葱条、瘦肉切丝，豆腐皮切块。

②用油起锅，倒入瘦肉丝，加入料酒、甜面酱、生抽、鸡粉，炒匀。

③倒入火腿肠，炒匀，放入葱丝，炒出香味，将炒好的材料制成馅料。

④取一张切好的豆腐皮，加生菜丝、黄瓜丝、馅料，依次制成蔬菜卷即可。

山药木耳炒核桃仁

推荐食谱

- **材料** 山药90克，水发木耳40克，西芹50克，彩椒60克，核桃仁30克，白芝麻少许

- **调料** 盐3克，白糖10克，生抽3毫升，水淀粉4毫升，食用油适量

- **做法**

① 洗净去皮的山药切片，木耳、彩椒、西芹切块；开水锅中加盐、食用油。

② 放入山药，煮半分钟，倒入木耳、西芹、彩椒，煮半分钟后捞出。

③ 用油起锅，倒入核桃仁，炸出香味，捞出，放入盘中，与白芝麻拌均匀。

④ 锅底留油，放入白糖、核桃仁，炒匀，装入碗中，撒上白芝麻，拌匀。

⑤ 油锅中放入焯好的食材、盐、生抽、白糖、水淀粉，炒匀盛出，放上核桃仁即可。

🌿 **调理功效**

黑木耳对高血压有食疗作用，同时，更年期食用可减轻经期不适，调理气血。

扫一扫看视频

炝拌上海青

推荐食谱

- **材料** 上海青150克，胡萝卜30克，蒜末、姜丝各5克

- **调料** 鸡粉、盐各2克，食用油适量

- **做法**

① 择洗好的上海青对切开，洗净去皮的胡萝卜切片。

② 取一个容器，放入上海青、胡萝卜，盖上盖，放入微波炉。

③ 加热2分钟，取出，倒入适量凉开水，再将水沥去。

④ 取一碗，倒入姜丝、食用油，制成调料，盖上保鲜膜，加热1分30秒。

⑤ 将调料浇在食材上，加入蒜末、盐、鸡粉，充分拌匀，盛入盘中即可。

🌿 **调理功效**

胡萝卜煮熟后食用，能起到滋润肌肤、促进血液循环、调养五脏等作用，还能为机体补充维生素A，对健康非常有益。

推荐食谱 虾米干贝蒸蛋羹

扫一扫看视频

●**材料** 鸡蛋120克，水发干贝40克，虾米90克，葱花少许

●**调料** 生抽5毫升，芝麻油、盐各适量

●**做法**

①取1个碗，打入鸡蛋，加盐，注入温水，搅匀。

②将搅好的蛋液倒入蒸碗中。

③蒸锅上火烧开，放上蛋液。

④盖上锅盖，中火蒸5分钟至熟。

⑤掀开锅盖，在蛋羹上撒上虾米、干贝。

⑥盖上盖，续蒸3分钟至入味；揭盖，取出蛋羹。

⑦淋上适量生抽、芝麻油，撒上少许葱花即可。

调理功效

虾米具有补充钙质、开胃消食、增强免疫力等功效，尤其适合更年期女性在经期食用。

鲫鱼蒸蛋

- **材料** 鲫鱼200克，鸡蛋液100克，葱花少许
- **调料** 芝麻油4毫升，老抽5毫升，料酒3毫升，胡椒粉、盐各少许
- **做法**

① 处理好的鲫鱼两面打上花刀，撒上盐、胡椒粉，抹匀。

② 淋上料酒，再次抹匀后腌渍10分钟。

③ 在蛋液中加入盐、清水，搅匀，装碗，放入鲫鱼，用保鲜膜封口。

④ 电蒸锅注水烧开，放入食材，调转旋钮定时20分钟。

⑤ 取出食材，撕去保鲜膜，淋上芝麻油、老抽，撒上葱花即可。

🌱 **调理功效**

鲫鱼和鸡蛋营养丰富，可增强经期女性的免疫力，更年期女性可常食。

扫一扫看视频

玫瑰湘莲银耳煲鸡

- **材料** 鸡肉块150克，水发银耳100克，鲜百合35克，水发去心莲子40克，干玫瑰花、桂圆肉、红枣各少许
- **调料** 盐少许
- **做法**

① 锅中注水烧热，倒入鸡肉块，汆去血渍后捞出。

② 砂锅注水烧热，倒入鸡肉块、莲子、银耳、桂圆肉、干玫瑰花。

③ 倒入红枣、百合，拌匀，烧开后转小火煮约150分钟，至食材熟透。

④ 加盐，拌匀，略煮至汤汁入味，盛出即可。

🌱 **调理功效**

本品具有养血补血、润肺养心、健脑宁神、美容养颜、增强免疫力等功效，处于更年期的女性经期可经常食用。

调经补血汤

●材料　水发银耳250克，红枣50克，
白糖15克

●做法

①泡好洗净的银耳切去黄色根部，改刀切小块。

②砂锅中注入适量清水，用大火烧开，倒入切好的银耳。

③加入红枣，拌匀。

④盖上盖，用大火煮开后转小火续煮40分钟至熟软。

⑤揭盖，加入白糖，拌匀至溶化。

⑥关火后将煮好的甜汤盛出，装入碗中即可。

扫一扫看视频

调理功效

红枣具有补中益气、养血安神、调养身心等功效，能缓解女性经期不适的情况。

羊肉胡萝卜丸子汤

- ●材料　羊肉末150克，胡萝卜40克，洋葱20克，姜末少许
- ●调料　盐、鸡粉各2克，生抽3毫升，胡椒粉1克，生粉适量
- ●做法

①洗净的胡萝卜切粒，洗好的洋葱切粒，备用。

②取一碗，放入羊肉末、盐、鸡粉、生抽、胡椒粉，拌匀。

③加姜末，倒入洋葱、胡萝卜、生粉，拌至起劲，制成羊肉泥。

④锅中注水烧开，加盐、鸡粉。

⑤把羊肉泥制成丸子，放入锅中，用中火煮约4分钟，撇去浮沫，盛出即可。

调理功效

羊肉是适合更年期食用的温补食材，此品还能改善肺燥引起的睡眠问题。

扫一扫看视频

家常汤面

- ●材料　熟面条215克，榨菜丝、水发木耳、绿豆芽各25克，去皮胡萝卜65克，葱段、葱花各少许，肉丝55克
- ●调料　盐、胡椒粉、鸡粉各3克，水淀粉、料酒、生抽各5毫升，食用油适量
- ●做法

①泡发好的木耳切丝，胡萝卜切丝。

②往肉丝中加盐、料酒、胡椒粉、鸡粉、水淀粉，腌10分钟。

③热锅注油烧热，倒入肉丝，炒至转色，倒入葱段、榨菜丝、胡萝卜、木耳，炒匀，淋上料酒、生抽。

④加适量水、盐、鸡粉，倒入绿豆芽，炒好后浇在面条上，撒上葱花即可。

调理功效

胡萝卜好消化，做成汤面，美味又营养，更年期食用有益身心健康。

扫一扫看视频

蒸海带肉卷

●材料　水发海带100克，猪肉馅120克，葱花3克，姜蓉4克

●调料　盐2克，生抽3毫升，芝麻油、料酒各2毫升，干淀粉5克，五香粉少许

●做法

①肉馅装入碗中，加料酒、姜蓉、生抽、盐、五香粉、干淀粉，拌至上劲，倒入葱花、芝麻油，腌10分钟。

②将泡好的海带铺在砧板上，倒入肉馅，用筷子铺平。

③将海带慢慢卷起制成肉卷，两头修齐，切成均匀的段，放入蒸盘中。

④蒸锅中注水烧开，放入蒸盘，蒸约15分钟。

⑤将海带卷取出即可。

🌱 调理功效

猪肉含有蛋白质、脂肪、钙、铁、磷等成分，常吃可以补虚调血，增强免疫力。

香芋煮鲫鱼

●材料　净鲫鱼400克，芋头80克，鸡蛋液45克，枸杞12克，姜丝、蒜末各少许

●调料　盐2克，白糖少许，食用油适量

●做法

①去皮洗净的芋头切丝，处理干净的鲫鱼切上一字刀花。

②把鲫鱼装盘，撒上盐，抹匀，再腌渍约15分钟，待用。

③热锅注油烧热，倒入芋头丝，用中小火炸出香味，捞出，沥干。

④用油起锅，放入鱼，炸至两面断生后捞出，沥干油，待用。

⑤锅留底油烧热，撒上姜丝，爆香，注水，放入鲫鱼，大火煮沸。

⑥盖上盖，用中火煮约6分钟，至食材七八成熟。

⑦揭盖，倒入芋头丝、蒜末、枸杞，放入鸡蛋液，煮成型。

⑧加盐、白糖，转大火煮约2分钟，关火后盛出即可。

🍴 调理功效

芋头可益脾胃、调中气，且易于消化吸收，更年期女性在经期可适量进食。

扫一扫看视频

扫一扫看视频

🍃 调理功效

糙米能益气补血，可以促进身体的新陈代谢，保护更年期女性的心脏。

推荐食谱 补血养生粥

- ●材料　眉豆、红米、赤小豆各40克，绿豆30克，薏米、水发黑米各100克，玉米50克，糙米45克，水发小米35克，花生米55克
- ●调料　红糖20克，蜂蜜10毫升

- ●做法

① 砂锅中注水，倒入眉豆、绿豆、赤小豆、薏米、红米、糙米、黑米、小米、花生米、玉米，拌匀。

② 大火煮开转小火煮30分钟，加入红糖、蜂蜜，拌至入味，盛出即可。

推荐食谱 红枣小米粥

- ●材料　水发小米、红枣各100克

- ●做法

① 砂锅中注入适量清水烧热，倒入洗净的红枣。

② 盖上盖，用中火煮约10分钟，至其变软。

③ 揭盖，关火后捞出红枣，放凉待用。

④ 将晾凉后的红枣切开，取果肉切碎。

⑤ 砂锅注水烧开，倒入小米，盖上盖，烧开后用小火煮约20分钟。

⑥ 揭盖，倒入红枣，略煮，关火后盛出煮好的粥，装在碗中即成。

扫一扫看视频

🍃 调理功效

小米含有较多的蛋白质，有滋阴养血的功效，能改善经期乏力、头晕等症状。

花生紫甘蓝煎饼

扫一扫看视频

- ●材料 面粉350克，紫甘蓝80克，花生碎70克，葱花少许
- ●调料 盐2克，食用油适量

- ●做法
① 洗净的紫甘蓝切成丝，再切成粒。
② 锅中注水烧开，放入紫甘蓝，煮至断生，捞出。
③ 将面粉装入碗中，加入花生碎、紫甘蓝。
④ 倒入葱花，加盐、清水，搅拌成糊状。
⑤ 加入少许食用油，拌匀。
⑥ 煎锅注油，放入面糊，摊成饼状，煎出焦香味。
⑦ 翻面，煎至焦黄，盛出，切成小块，装入盘中即可。

调理功效

花生能强化血管，预防动脉硬化，更年期女性食用花生，还有利于改善经期失眠等不适症状。

韭菜鸡蛋饺子

- **材料** 韭菜75克，饺子皮85克，鸡蛋液30克，虾皮10克
- **调料** 盐、鸡粉、花椒粉各3克，食用油适量

- **做法**

①洗净的韭菜切碎；鸡蛋液打散、调匀，待用。

②热锅注油烧热，倒入鸡蛋液，快速炒散，盛出待用。

③取1个碗，倒入鸡蛋、虾皮、韭菜碎，撒上盐、鸡粉、花椒粉、食用油，制成馅料。

④备好1碗清水，用手指蘸上适量清水，往饺子皮边缘涂抹1圈。

⑤往饺子皮中放上适量馅料，将饺子皮两边捏紧。

⑥其他的饺子皮都采用相同方法制成饺子生坯，放入盘中待用。

⑦锅中注水烧开，倒入饺子生坯，拌匀，防止饺子相互粘连，再次煮开。

⑧加盖，大火煮至饺子浮起，捞出煮好的饺子，盛入盘中即可。

🌿 调理功效

女性在更年期食用韭菜和鸡蛋，不仅可安抚经期的情绪波动，还可延缓衰老。

高粱红枣补脾胃豆浆

●材料　黄豆60克，高粱米、红枣各20克

●做法

①洗净的红枣切开，去核，再切成小块，备用。

②将已浸泡8小时的黄豆倒入碗中，放入高粱米。

③加入适量清水，用手搓洗干净，沥干水分。

④把黄豆、高粱米、红枣倒入豆浆机，注水至水位线。

⑤盖上豆浆机机头，选择"五谷"程序，再选择"开始"键，开始打浆。

⑥待豆浆机运转约20分钟，即成豆浆，滤入杯中即可。

🍵 调理功效

红枣养血安神，更年期女性食用还可以增强免疫力、清热理气，是经期滋补佳品。

扫一扫看视频

葡萄干豆浆

●材料　水发黄豆40克，葡萄干少许

●做法

①将已浸泡8小时的黄豆倒入碗中，注水洗净，沥干。

②将黄豆、葡萄干倒入豆浆机中，注水至水位线。

③盖上豆浆机机头，选择"五谷"程序，再选择"开始"键，开始打浆。

④待豆浆机运转约15分钟，即成豆浆。

⑤将豆浆机断电，取下机头，将豆浆滤入杯中即可。

🍵 调理功效

女性在更年期和经期食用葡萄干，可补肝肾、益气血、生津液、开胃消食。

扫一扫看视频

老年期女性经期调养

◎ 挥手告别月经，不要依依不舍

老年期的特点是身体各器官组织出现明显的退行性变化，心理方面也发生相应改变，衰老现象逐渐明显。到了这个时期，月经也已经悄悄离开，如果绝经过后的女性有阴道出血情况，就很可能是子宫病变的表现。即使不会再经历月经期，也应注重平时的饮食与生活调养。

◎ 老年期女性月经特点

老年期一般指60岁以后。女性进入这一时期，机体所有内分泌功能渐渐低落，卵巢功能进入衰老阶段，除整个机体发生衰老变化外，生殖器官亦逐渐萎缩，基本处于绝经的阶段。伴随着绝经的同时，老年期女性生殖器官还有诸多变化：卵巢缩小变硬、表面光滑；子宫及宫颈萎缩；阴道逐渐缩小、穹窿变窄、黏膜变薄、无弹性、阴唇皮下脂肪减少；阴道上皮萎缩，糖原消失，分泌物减少、呈碱性，易感染和发生老年性阴道炎。另外，老年期女性一旦出现停经后又来月经的情况，应警惕。某些卵巢功能性肿瘤（子宫内膜癌、子宫肉瘤、宫颈癌及引导肿瘤）会引起阴道出血，阴道炎（老年性阴道炎、萎缩性子宫内膜炎）也可能引发阴道出血，具体情况应去医院进行相关检查，积极治疗。

◎ 饮食调养要点

【食物应多样化】肉、鱼、乳、蛋等是优质蛋白质的重要来源；豆制品蛋白质、赖氨酸多，但蛋氨酸含量少，蛋白质营养价值不如动物性蛋白质高；谷类食物主要含淀粉、丰富的B族维生素。保证膳食中的食物多样化，既可使营养素之间起互补作用，又可消除某些食物对机体产生的不利影响。

【保持酸碱平衡】食物的酸碱性，常常影响到血液和淋巴液等的酸碱平衡。为了防

止老年性疾病，最好节制酸性食物的摄入，多吃些碱性食物。新鲜蔬菜、水果和奶类含碱性物质多，粮食、肉类则多偏酸性。可荤素搭配，菜粮兼食，有利于保持血液的酸碱平衡并使它趋于弱碱性，延年益寿。

【食物宜软烂、清淡、温热】 进入老年期后，咀嚼、消化功能逐渐减弱，味觉也有所减弱，因此，老年人的食物宜软烂、清淡，易于咀嚼、消化。另外，老年人机体的抵抗力差，不清洁的食物易引起腹泻，故烹饪食物时，还应注意清洁卫生，保持饮食温度适中，不能过热或过冷。

【合理安排进餐时间及热量】 餐次应以老年人胃肠道的消化能力为基础，保证良好的食欲。推荐一日三餐进餐时间、热量安排为：早餐：6:30~7:30，热量可占全天热量的30%；午餐：12:30~13:30，热量可占全天热量摄入的40%；晚餐：18:00~18:30，热量可占全天热量的30%。有的老年人晚上就寝较晚，在睡觉前吃1个水果或吃25~50克的点心，对胃酸分泌较多的老年人有一定的好处。

◎ 明星调养食物

　　橄榄油、燕麦、瘦肉、猪血、鱼肉、虾皮、海带、豆腐、红薯、菠菜、蓝莓、鲜枣、橘子、山楂、核桃仁、杏仁、牛奶

◎ 生活调养要点

【心胸开阔，少动怒】 少生气的女人不易老，平时应尽量让自己心胸开阔、心情开朗，免疫系统功能也能相应提高，身体自然健康。

【适当运动】 适当运动，可使体内气血通畅，能达到延缓衰老的作用，且能降低患脑血栓或心肌梗死等疾病的风险。适合老年期女性的运动有散步、慢跑、太极拳、广场舞等。

【多与人交流】 平时多参加社交活动，与人接触，与家人或朋友谈谈心，可以使生活变得轻松愉快。而且谈话时要多动脑，可改善大脑的血液循环，防止大脑的衰老。

【保证良好的睡眠】 一般来说，以60~70岁的老人每天睡7~8小时，70~80岁的老人每天睡6~7小时，80岁以上的老人每天睡6小时为佳。

调理功效

上海青可以保持血管弹性，提供人体所需矿物质、维生素，尤其适合老年人食用。

猪油烧上海青

- **材料** 上海青250克，蒜末10克，胡萝卜30克，姜片、葱段各5克
- **调料** 盐2克，生抽8毫升，鸡粉3克，猪油10克，食用油适量

做法

①择洗好的上海青对切开，洗净去皮的胡萝卜切片。

②将食用油倒入猪油内，放入姜片、葱段、蒜末，拌成调料，盖上保鲜膜。

③放入微波炉，定时加热1分30秒，取出，去除保鲜膜。

④备1个容器，放入上海青、调料、胡萝卜、鸡粉、盐、生抽，拌匀。

⑤微波炉定时加热3分钟，将食材取出，倒入盘中即可。

扫一扫看视频

调理功效

香干可以增进食欲、补充钙质，中老年人常食，还可防治骨质疏松等症。

核桃仁芹菜炒香干

- **材料** 香干120克，胡萝卜70克，核桃仁35克，芹菜段60克
- **调料** 盐、鸡粉各2克，水淀粉、食用油各适量

做法

①洗净的香干切条，洗好的胡萝卜切粗丝，备用。

②热锅注油烧热，倒入核桃仁，炸出香味，捞出沥干。

③用油起锅，倒入芹菜段、胡萝卜丝和香干，炒匀。

④加盐、鸡粉，炒匀调味，倒入水淀粉、核桃仁，炒匀即可。

素炒香菇芹菜

- **材料** 西芹95克，彩椒45克，鲜香菇30克，胡萝卜片、蒜末、葱段各少许
- **调料** 盐3克，鸡粉、水淀粉、食用油各适量
- **做法**

①洗净的彩椒切块，洗好的香菇切丝，洗净的西芹切段。

②锅中注水烧开，加盐、食用油、胡萝卜片、香菇丝、西芹段、彩椒，煮至断生，捞出。

③用油起锅，爆香蒜末、葱段，倒入焯过水的食材，翻炒匀。

④加盐、鸡粉，倒入水淀粉，炒至入味，盛出即可。

🍃 调理功效

香菇含有香菇素，能软化血管、降低血压，尤其适合中老年人食用。

扫一扫看视频

胡萝卜炒杏鲍菇

- **材料** 胡萝卜100克，杏鲍菇90克，姜片、蒜末、葱段各少许
- **调料** 盐3克，鸡粉少许，蚝油4克，料酒3毫升，食用油、水淀粉各适量
- **做法**

①洗净的杏鲍菇切片，洗净去皮的胡萝卜切片。

②锅中注水烧开，放入食用油、盐、胡萝卜片、杏鲍菇，煮后捞出。

③用油起锅，爆香姜片、蒜末、葱段，倒入胡萝卜片、杏鲍菇，炒匀。

④淋入料酒，炒香、炒透，加盐、鸡粉、蚝油，炒至食材熟透。

⑤倒入水淀粉勾芡，关火后盛出炒好的菜，装在盘中即成。

🍃 调理功效

胡萝卜含有植物纤维，且易于消化吸收，还可护肝明目，老年人可常食。

扫一扫看视频

香菇蒸鹌鹑蛋

- **材料**　鲜香菇150克，鹌鹑蛋90克，枸杞、葱花各2克
- **调料**　盐2克，蒸鱼豉油8毫升

- **做法**

①洗净的香菇去菌柄。

②取备好的蒸盘，放入香菇，打入鹌鹑蛋，撒上盐，然后点缀上洗净的枸杞，备用。

③备好电蒸锅，注入适量清水，接通电源，将水烧开。

④放入蒸盘。

⑤盖上盖，蒸约20分钟，至全部食材熟透入味。

⑥断电后揭盖，取出蒸盘。

⑦趁热淋上适量蒸鱼豉油，再撒上葱花即可。

调理功效

鹌鹑蛋是滋补佳品，有增强免疫力、养肝明目之效，符合绝经期老人的饮食特点。

推荐食谱 橙香果仁菠菜

- ●材料　菠菜130克，橙子250克，松子仁20克，凉薯90克
- ●调料　橄榄油5毫升，盐、白糖、食用油各适量

- ●做法

①洗净去皮的凉薯切碎；择洗好的菠菜切碎；洗净的橙子切片，摆入盘中。

②锅中注水烧开，倒入凉薯、菠菜，焯至断生，捞出。

③热锅注油，倒入松子仁，炒香，盛入盘中。

④碗中放入凉薯、菠菜、松子仁、盐、白糖、橄榄油，拌匀，放上橙子片即可。

调理功效

橙子有清热止血、消肿止痛、保护心血管之效，有利于保护绝经期老年人的卵巢。

扫一扫看视频

推荐食谱 香肉蒸蛋

- ●材料　鸡蛋2个，猪肉末30克
- ●调料　盐、鸡粉各1克，食用油适量

- ●做法

①鸡蛋打入碗中，加入适量清水，搅拌片刻。

②放入猪肉末、盐、鸡粉、食用油，拌匀，倒入另一空碗中。

③取电饭锅，倒入清水，放上蒸笼，放入装有肉蛋液的碗。

④盖上盖子，蒸约20分钟至蛋液成型。

⑤打开盖子，取出蒸好的肉蒸蛋即可。

调理功效

鸡蛋营养全面又均衡，猪肉有补肾养血等功效，两者搭配，对老年女性的健康非常有益；蒸食还有助于营养的消化吸收。

鸡蛋瘦肉羹

推荐食谱

扫一扫看视频

● **材料**　鸡蛋1个，猪肉末100克，葱花少许

● **调料**　鸡粉、盐各2克，料酒3毫升，水淀粉10毫升，食用油适量

● **做法**

①鸡蛋打入碗中，打散、调匀，备用。

②炒锅中倒入适量食用油，放入猪肉末，炒至变色。

③加入少许料酒，炒匀提味，倒入适量清水，拌匀。

④放入少许鸡粉、盐，拌匀调味。

⑤淋入适量水淀粉，边倒边搅拌。

⑥倒入备好的蛋液，搅散，煮至熟透；关火后把煮好的食材盛入碗中，撒上葱花即可。

🍂 **调理功效**

本品具有益智健脑、强身健体、改善记忆力等功效，且易于消化，适合老年女性食用。

茄子焖牛腩

- **材料** 茄子200克，红椒、青椒各35克，熟牛腩150克，姜片、蒜末、葱段各少许
- **调料** 豆瓣酱7克，盐3克，鸡粉2克，老抽2毫升，料酒4毫升，生抽6毫升，水淀粉、食用油各适量

- **做法**

①洗净去皮的茄子切丁；青椒、红椒去籽切丁；熟牛腩切块。

②热锅注油烧热，放入茄子丁，炸至断生，捞出，沥干油。

③用油起锅，放入姜片、蒜末、葱段，爆香。

④倒入牛腩，加入料酒、豆瓣酱、生抽、老抽，翻炒匀。

⑤注入适量清水，放入备好的茄子、红椒、青椒。

⑥加盐、鸡粉，用中火煮约3分钟，至食材入味。

⑦转大火收浓汁，倒入水淀粉，翻炒至食材熟透、入味。

⑧关火后盛出炒好的食材，装盘即可。

🌱 **调理功效**

茄子有活血化瘀、清热消肿的功效，常食还能降低胆固醇和血糖，对处于绝经期的老年人非常有益。

扫一扫看视频

芹菜鲫鱼汤

推荐食谱

- **材料** 芹菜60克，鲫鱼160克，砂仁8克，制香附10克，姜片少许
- **调料** 盐、鸡粉、胡椒粉各1克，料酒5毫升，食用油适量

- **做法**
①洗净的芹菜切段。
②洗好的鲫鱼两面各切上一字花刀，装盘待用。
③用油起锅，放入鲫鱼，稍煎2分钟至表面微黄。
④放入姜片，爆香，淋入料酒，注入适量清水。
⑤倒入砂仁、制香附，将食材搅匀。
⑥加盖，用大火煮开后转小火续煮1小时至鲫鱼熟透。
⑦揭盖，倒入切好的芹菜。
⑧加盖，续煮10分钟至食材熟软。
⑨揭盖，加入盐、鸡粉、胡椒粉，拌匀调味，盛出即可。

调理功效

本品具有健脾开胃、降压减脂等功效，而且容易消化吸收，适宜脾胃功能不好的老年期女性食用。

葡萄干炒饭

- **材料** 火腿40克，洋葱20克，虾仁30克，米饭150克，葡萄干25克，鸡蛋1个，葱末少许
- **调料** 盐2克，食用油适量
- **做法**

①鸡蛋打入小碟子中，调成蛋液；洋葱切粒；火腿切粒。

②虾仁去除虾线，切丁。

③热锅注油，倒入蛋液，炒熟后盛出，倒入洋葱粒、火腿粒，炒匀炒香。

④下入虾仁丁，炒至呈淡红色，加入葡萄干、米饭，翻炒至米饭松散。

⑤倒入鸡蛋，加盐，炒匀调味，撒上葱末，炒出葱香味，盛出即可。

调理功效

本品食材丰富，营养均衡，有利于老年人补充营养，可预防绝经后的老年性疾病。

扫一扫看视频

大麦红豆粥

- **材料** 大麦200克，水发红豆180克
- **调料** 红糖40克

- **做法**

①砂锅注水烧热，倒入泡发好的红豆、大麦，拌匀。

②盖上锅盖，煮开后转小火煮1小时。

③掀开锅盖，倒入适量红糖，搅拌匀。

④续煮5分钟至食材入味，搅拌片刻。

⑤关火，将煮好的食材盛出，装入碗中即可。

调理功效

红豆是绝经期老年人的滋补佳品，具有补气养血、增强免疫力、美容养颜等功效。

扫一扫看视频

南瓜花生蒸饼

●**材料** 米粉70克，配方奶300毫升，南瓜130克，葡萄干30克，核桃粉、花生粉各少许

●**做法**

① 蒸锅中注入适量清水烧开，放入南瓜，中火蒸约15分钟至其熟软。

② 取出南瓜，放凉待用。

③ 将放凉的南瓜压碎，碾成泥状；洗好的葡萄干剁碎，备用。

④ 将南瓜泥放入碗中。

⑤ 加入核桃粉、花生粉，放入葡萄干、米粉，拌匀。

⑥ 分次倒入配方奶，拌匀，制成南瓜糊，待用。

⑦ 取1个蒸碗，倒入南瓜糊。

⑧ 蒸锅中注水烧开，放入蒸碗，盖上锅盖，用中火蒸约15分钟至熟。

⑨ 揭开锅盖，关火后取出蒸好的南瓜花生饼即可。

调理功效

南瓜营养丰富，又清淡开胃、容易消化，可缓解老年人绝经后期的不适症状。

葡萄干茉莉糯米粥 推荐食谱

扫一扫看视频

● 材料　水发糯米200克，葡萄干10克，茉莉花少许

● 调料　白糖适量

● 做法

① 砂锅中注入适量清水，倒入洗好的糯米。

② 放入备好的葡萄干、茉莉花，拌匀。

③ 盖上盖，用大火煮开后转小火煮50分钟至熟。

④ 揭盖，放入白糖，拌匀，煮至溶化。

⑤ 关火后盛出煮好的粥，装入碗中即可。

 调理功效

本品具有益气补血、促进消化、健齿杀菌等功效，有利于保持血液的酸碱平衡，延年益寿。

扫一扫看视频

🍃 调理功效

本品清淡又美味，牛肉和海带富含钙质，尤其适合老年人滋补身体之用，可常食。

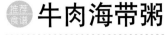
牛肉海带粥

● 材料　牛肉40克，水发海带30克，大米碎80克

● 做法

① 洗净泡发的海带切碎。

② 洗好的牛肉切碎，待用。

③ 砂锅置于火上，倒入大米碎、牛肉碎，炒匀。

④ 注入适量清水，拌匀。

⑤ 倒入海带碎，拌匀，煮约30分钟至食材熟软。

⑥ 关火后盛出煮好的牛肉粥，装入碗中即可。

扫一扫看视频

🍃 调理功效

西蓝花可以增强肝脏的解毒能力、提高机体免疫力、降低血糖、缓解心脏压力。

西蓝花牛奶粥

● 材料　水发大米130克，西蓝花25克，奶粉50克

● 做法

① 沸水锅中放入洗净的西蓝花，焯后捞出，放凉后切碎。

② 砂锅注入适量清水烧开，倒入洗净的大米，搅散。

③ 盖上盖，烧开后转小火煮约40分钟，至米粒变软。

④ 揭盖，快速搅动几下，放入备好的奶粉，拌匀，煮出奶香味。

⑤ 倒入西蓝花碎，拌匀，将煮好的食材盛入碗中即可。

推荐食谱 桂圆红豆豆浆

● 材料　水发红豆50克，桂圆肉30克

● 做法

①将已浸泡6小时的红豆倒入碗中，加水洗净，沥干。

②把红豆、桂圆肉倒入豆浆机中，注水至水位线。

③盖上豆浆机机头，选择"五谷"程序，再选择"开始"键，开始打浆。

④待豆浆机运转约15分钟，即成豆浆。

⑤将豆浆机断电，取下机头，把煮好的豆浆倒入碗中，撇去浮沫即可。

🍵 调理功效

红豆清热解毒、健脾益胃、利尿消肿，老年期女性可多食用红豆豆浆。

扫一扫看视频

推荐食谱 荞麦枸杞豆浆

● 材料　水发黄豆55克，枸杞25克，荞麦30克

● 做法

①将已浸泡8小时的黄豆倒入碗中，再放入荞麦。

②加水洗干净，沥干水分。

③把枸杞、黄豆、荞麦倒入豆浆机，注水至水位线。

④盖上豆浆机机头，选择"五谷"程序，再选择"开始"键，开始打浆。

⑤待豆浆机运转约15分钟，即成豆浆，将豆浆滤入杯中即可。

🍵 调理功效

荞麦富含膳食纤维，枸杞清肝明目，搭配制成豆浆，可调节血脂、增强免疫力等。

扫一扫看视频

Part 3

经期四大计划
——打好一生的美丽基础

对于女人来说，月经期非但不是每月的"受难日"，还是让女人悄然变美的"幸运日"。事实上，女性月经中潜藏着许多关于美丽的密码，如瘦身、丰胸、美肌、抗衰老等。在这个特殊的日子里，吃对食物，注重日常保养，你会发现更美的自己。

瘦身

排毒去瘀，减轻体重

　　排毒，关键要找准时机，找对方法。女性每个月的生理期是子宫排毒的重要时期，经血流畅，不但可以避免经行不顺、痛经等问题，还可以让女性顺利排清体内毒素，轻松达到排毒瘦身的效果。

饮食要点

　　【饮食宜清淡、温热、少盐，忌辣、忌生冷】女性经期消化功能减弱，过于刺激、生冷的食物易引起经血过多或过少，甚至痛经，不利于身体排毒消肿。

　　【饮食宜有节制，少量多餐】女性经期宜多准备营养丰富的饮食，不宜节食，但也不宜暴饮暴食，要注意少量多餐，每餐吃八分饱，少吃零食和甜食。

　　【多吃高膳食纤维食物】经期多吃高膳食纤维食物，比如燕麦、玉米等粗杂粮，以及菠菜、上海青、草莓、苹果等新鲜蔬果，有助于通便排毒、减肥瘦身。

　　【多喝水，多排尿】女性经期多喝水、多排尿，有助于保持体内血液循环通畅，帮助身体消除水肿，排出毒素。经期饮水以温开水为佳，而且宜少量多次饮水。

明星食物

　　燕麦、薏米、玉米、胡萝卜、上海青、小白菜、猪肝、猪瘦肉、银耳、牛奶、苹果、红枣、益母草

生活细节

　　【注意经期卫生】保持外阴清洁，每日用温水清洗外阴一次；勤换卫生巾；严禁性生活、盆浴、游泳、妇科检查及阴道冲洗。

　　【注意保暖】不宜用冷水洗脚、淋浴等，做好腰部、腹部的保暖工作。

　　【适量运动】通过做温和的运动，如快步走、瑜伽等，可促进血液循环，消肿去瘀。但切记不要做激烈的运动。

推荐食谱 # 西红柿炒丝瓜

- ●材料　西红柿170克，丝瓜120克，姜片、蒜末、葱段各少许
- ●调料　盐、鸡粉各2克，水淀粉3毫升，食用油适量

- ●做法
- ①丝瓜切小块；西红柿去蒂，切小块。
- ②用油起锅，放姜片、蒜末、葱段爆香，倒入丝瓜，炒匀。
- ③锅中倒入清水，放入西红柿，加入盐、鸡粉，炒匀调味。
- ④倒入备好的水淀粉，用锅铲快速翻炒均匀。
- ⑤盛出炒好的食材，装入盘中即可。

调理功效

丝瓜热量低，且其所含的木聚糖能结合体内水分，排出毒素，有利于经期排毒瘦身。

扫一扫看视频

推荐食谱 # 墨鱼炒西芹

- ●材料　墨鱼300克，西芹150克，红椒60克，姜末少许
- ●调料　盐、鸡粉各2克，白胡椒粉、芝麻油、食用油各适量

- ●做法
- ①择洗好的西芹切块；洗净的红椒切块；处理好的墨鱼打上花刀，切块。
- ②锅中注水烧开，倒入西芹、红椒、食用油，拌匀，捞出沥干。
- ③锅中再次注水烧开，倒入墨鱼，汆至起花，捞出沥干。
- ④热锅中注油烧热，倒入姜末、墨鱼、汆好的食材，快速翻炒。
- ⑤加盐、鸡粉、白胡椒粉、芝麻油，翻炒至熟，盛出，装入盘中即可。

调理功效

芹菜含有纤维素，有润肠通便、开胃消食之效，可预防女性在经期出现便秘的症状。

扫一扫看视频

推荐食谱 枸杞萝卜炒鸡丝

扫一扫看视频

●**材料** 白萝卜120克，鸡胸肉100克，红椒30克，枸杞12克，姜丝、葱段、蒜末各少许

●**调料** 盐4克，鸡粉3克，料酒、生抽、水淀粉、食用油各适量

●**做法**

①将白萝卜、红椒切丝；鸡胸肉切丝装碗，放入鸡粉、盐、水淀粉、食用油，抓匀，腌渍10分钟至入味。

②锅中注水烧开，加入盐、白萝卜，煮1分钟，放入红椒，略煮，捞出焯好的食材。

③用油起锅，放入姜丝、蒜末、鸡肉丝、料酒，炒香。

④倒入白萝卜、红椒炒匀，加盐、鸡粉、生抽调味。

⑤放入枸杞、葱段，倒入水淀粉，炒匀，盛出即可。

调理功效

白萝卜含有纤维素、维生素C和叶酸等成分，可洁净经期血液，起到通便排毒、降脂瘦身的效果。

清炒虾仁

- **材料** 鲜虾仁80克，黄瓜60克，蛋清1份，姜片、蒜末、葱段各3克
- **调料** 盐、鸡粉各1克，生粉15克，料酒3毫升，食用油适量
- **做法**

①洗净的黄瓜切开，去籽，切片，装盘备用；洗好的鲜虾仁中放入蛋清、生粉，拌匀。

②锅中注油烧热，放入虾仁，滑油半分钟，捞出沥干。

③用油起锅，爆香姜片、葱段、蒜末，倒入黄瓜、虾仁，搅散。

④加入料酒、清水，稍煮片刻，加盐、鸡粉，炒匀至收汁，关火好将炒好的菜肴盛出，装盘即可。

🌾 调理功效

虾仁含有非常丰富的蛋白质、钙、铁等营养成分，且其肉质松软易消化，有助于经期女性调理脾胃、排毒消肿。

平菇鱼丸汤

- **材料** 平菇95克，鱼丸55克，上海青70克，葱花、姜片各少许
- **调料** 盐、鸡粉、胡椒粉各2克，芝麻油5毫升
- **做法**

①鱼丸切十字花刀；平菇撕成小块；上海青切段。

②沸水锅中倒入平菇，焯至断生，捞出，沥干。

③砂锅中注水烧开，倒入鱼丸、姜片，拌匀，加盖，用大火煮5分钟。

④揭开锅盖，放入处理好的平菇、上海青，加入盐、鸡粉、胡椒粉、芝麻油，拌匀。

⑤关火后将煮好的汤水盛入碗中，撒上葱花即可。

🌾 调理功效

上海青富含膳食纤维、维生素C，具有润肠通便的功效，可促进经期女性排出体内毒素。

扫一扫看视频

调理功效

羊肉含有的有效成分能促进消化酶的分泌，对经期女性补血益气、排毒养颜很有好处。

推荐食谱 羊肉炒面

- ●材料　圆椒40克，洋葱60克，去皮胡萝卜80克，羊肉95克，熟宽面条150克，姜丝、葱段各少许
- ●调料　盐、鸡粉、白胡椒粉各2克，料酒、生抽各5毫升，老抽3毫升，水淀粉4毫升，食用油适量
- ●做法

①圆椒切条；洋葱切成丝；胡萝卜切片，改切成丝。

④将羊肉切片装碗，加盐、料酒、白胡椒粉、水淀粉、油拌匀，腌制入味。

③用油起锅，倒入羊肉，放入姜丝、洋葱、圆椒、胡萝卜。

④放入宽面条，略炒，加入生抽、老抽、盐、鸡粉，炒匀。

⑤撒上葱段，炒匀，关火后盛出即可。

推荐食谱 莲子葡萄干粥

- ●材料　去心莲子30克，葡萄干10克，大米130克，山药丁30克

- ●做法

①砂锅中注入适量清水烧热，倒入洗好的大米、莲子。

②盖上盖，用大火煮开后转小火续煮40分钟至食材熟软。

③揭盖，倒入部分葡萄干、山药丁，拌匀，用小火续煮10分钟至食材熟透。

④关火后盛出煮好的粥，装入碗中。

⑤撒上余下的葡萄干即可。

扫一扫看视频

调理功效

莲子含有蛋白质、钙、磷、钾等，有补脾止泻、养心安神、促进凝血等功效。

牛肉鸡蛋炒饭

推荐食谱

- **材料**　熟米饭100克，牛肉70克，去皮胡萝卜、蛋液各60克，洋葱35克

- **调料**　盐1克，食用油适量

- **做法**

①洗好的洋葱切粒；洗净去皮的胡萝卜切粒；牛肉切粒。

②用油起锅，倒入牛肉粒，炒约1分钟至转色。

③注入60毫升清水；加盖，用大火煮5分钟至汁水收干。

④揭开锅盖，倒入调好的蛋液，炒约1分钟，将炒好的牛肉和鸡蛋盛出，装盘待用。

⑤另起锅注油，倒入切好的胡萝卜粒和洋葱粒，快速翻炒均匀，注入50毫升清水，搅匀。

⑥加盖，用大火煮10分钟至汁水收干；揭盖，倒入米饭，稍稍压散。

⑦倒入炒好的牛肉和鸡蛋，加入盐，炒匀调味。

⑧关火后盛出炒饭，装碗即可。

调理功效

大米、胡萝卜均含有丰富的膳食纤维，可和胃、健脾、助消化，促进经期女性血液畅通、排毒减脂。

扫一扫看视频

推荐食谱 鱼头泡饼

● 材料　鳙鱼头250克，豆腐160克，水发粉条100克，大油饼块300克，五花肉90克，八角1个，蒜头、姜片、葱碎各少许

● 调料　盐、鸡粉各1克，胡椒粉2克，料酒、生抽、水淀粉各5毫升，老抽2毫升，辣椒油10毫升，食用油适量

● 做法

① 洗净的豆腐切块，洗好的五花肉切片，待用。

② 用油起锅，倒入五花肉片、蒜头和八角，翻炒。

③ 加入姜片和葱碎，炒香，放入鳙鱼头，稍煎半分钟。

④ 淋入料酒、生抽，注水至没过鱼头1/3处。

⑤ 放入豆腐、粉条，加盐，大火焖10分钟。

⑥ 加鸡粉、老抽、胡椒粉、水淀粉、辣椒油调味。

⑦ 关火后盛出，在盘四周放入油饼块，摆好造型即可。

调理功效

鳙鱼含有优质蛋白质和不饱和脂肪酸，可改善大脑机能，豆腐中的有效成分有燃脂排毒的功效。

奶香燕麦粥

●材料　燕麦片75克，松仁20克，牛奶
适量

●做法

①汤锅注水烧开，倒入燕麦片。

②再放入适量松仁，搅拌均匀。

③盖上锅盖，用小火煮约30分钟至食材
熟烂。

④揭盖，放入适量牛奶。

⑤搅拌均匀，用大火煮开。

⑥把煮好的粥盛出，装入碗中即可。

🌿 调理功效

燕麦片是大脑的优质营养补充剂，经期女性适量
食用，有益于排毒瘦身。

红枣薏米花生豆浆

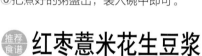

●材料　水发黄豆60克，水发红豆50
克，花生米40克，红枣10克，
芸豆45克，水发薏米70克

●做法

①洗净的红枣去核，将已浸泡8小时的
黄豆倒入碗中，加入红豆。

②倒入水、薏米、芸豆，用手搓洗干
净，沥干水分。

③把洗好的材料倒入豆浆机中，加入备
好的花生米，放入处理好的红枣，注水
至水位线。

④盖上豆浆机机头，选择"五谷"程
序，再选择"开始"键，开始打浆。

⑤待豆浆机运转约20分钟，即成豆浆，
滤取豆浆，捞去浮沫即可。

🌿 调理功效

黄豆有健脾宽中、清热解毒的
作用，适宜经期女性益气补
血、排毒降脂之用。

扫一扫看视频

推荐食谱 荷叶玫瑰花茶

● **材料** 玫瑰花15克，干荷叶碎10克

● **做法**

① 取出萃取壶，通电后往内胆中注入清水至最高水位线。

② 放入漏斗，倒入洗净的玫瑰花。

③ 放入备好的荷叶碎。

④ 扣紧壶盖，按下"开关"键，选择"萃取"功能。

⑤ 机器进入工作状态，煮约5分钟至药材有效成分析出。

⑥ 待指示灯跳至"保温"状态，拧开壶盖，取出漏斗。

⑦ 将煮好的药膳茶倒出，装入备好的杯子中即可。

调理功效

玫瑰花具有柔肝醒胃、舒气活血、美容养颜等作用，经期女性服用，还能起到除湿、解毒的功效。

玫瑰郁金益母草饮

扫一扫看视频

●材料　玫瑰花、益母草、郁金各5克
●调料　红糖8克

●做法
①砂锅中注入适量清水烧热。
②倒入备好的药材，搅拌均匀。
③盖上盖子，用大火煮约5分钟至药材析出有效成分。
④揭开盖子，捞出多余的药渣。
⑤加入备好的红糖，搅拌一会儿。
⑥关火后盛出煮好的药茶，装入一个干净的杯中。
⑦待稍微放凉后即可饮用。

调理功效

益母草含有益母草碱、益母草宁等成分，具有祛瘀、调经的功效，适宜经期女性泡茶饮用。

丰胸

让月经正常，是丰胸的首要工作

  经期是最佳的丰胸时期之一，女性把握这一时期，配合饮食，可达到非常好的丰胸效果。但是，经期也是女性身体比较脆弱的时期，不可一味追求丰胸效果，随意食用寒凉食物以及对身体有害的药物，经期丰胸应在保证月经正常的基础上进行。

饮食要点

  【多吃有丰胸功效的食物】经期食用有丰胸功效的食材，可帮助乳房脂肪囤积。但应注意饮食宜温热、易消化，如选择木瓜，应煮熟后食用。

  【摄取富含优质蛋白质的食物】蛋白质是组成人体组织的重要成分，补充蛋白质对丰胸有一定的功效，也有利于缓解经期不适症状，可多吃瘦肉、鱼类等食物。

  【补充B族维生素】经期多进食富含B族维生素的食物，有利于缓解经期的疲劳感、痛经。同时，补充B族维生素有助于体内雌性激素的合成，达到丰胸的效果。

  【多吃坚果、种子类食物】坚果、种子类食物中含有大量的维生素E，经期增加这类食物的摄入，能让乳房组织富有弹性，对乳房健康十分有益。

明星食物

  鸡肉、鸡蛋、鱼肉、猪蹄、土豆、黄豆、胡萝卜、木瓜、核桃仁、牛奶、酸奶

生活细节

  【按摩穴位】膺窗穴，从锁骨数下来第3根肋骨处向两侧平移至乳头上方；乳根穴，位于乳头中央直下一肋间处；膻中穴，体前正中线，两乳头中间。以手指按压，每个穴位按1～2分钟。

  【适当热敷】每晚临睡前用热毛巾敷两侧乳房3～5分钟，可每天热敷1次。

  【配合扩胸运动】每天适当地进行扩胸运动，但需注意动作要轻缓。

推荐食谱 家常小炒魔芋结

- ●材料　魔芋小结180克，姜末、蒜末、葱花各少许
- ●调料　鸡粉2克，白糖少许，豆瓣酱25克，水淀粉、食用油各适量
- ●做法
①锅中注水烧开，倒入魔芋小结，焯至断生后捞出。
②用油起锅，放入备好的豆瓣酱，炒香，撒上姜末、蒜末，炒匀。
③注入适量清水，倒入焯过水的材料，加入少许鸡粉、白糖，翻炒片刻，至食材入味。
④用水淀粉勾芡，至食材熟透。
⑤关火后盛出菜肴，装在盘中，撒上葱花即可。

🌾 调理功效

魔芋小结含有葡萄甘露聚糖、魔芋多糖、膳食纤维等，有增进食欲的作用，可以为经期的女性补充能量、消除饥饿感。

推荐食谱 花生眉豆煲猪蹄

- ●材料　猪蹄400克，木瓜150克，水发眉豆100克，花生80克，红枣30克，姜片少许
- ●调料　盐2克，料酒适量
- ●做法
①木瓜去籽，切块。
②锅中注入清水，倒入猪蹄，淋入料酒，汆至转色，捞出汆好的猪蹄，沥干待用。
③砂锅中注水，倒入猪蹄、红枣、花生、眉豆、姜片、木瓜，拌匀。
④加盖，用大火煮开转小火煮3小时至食材熟软。
⑤揭盖，加盐，拌至入味，关火后盛出即可。

🌾 调理功效

木瓜有助于胸部的发育，猪蹄含有胶原蛋白和多种维生素，可美容养颜、延缓衰老。

扫一扫看视频

推荐食谱 腰果炒猪肚

- **材料** 熟猪肚丝200克，熟腰果150克，芹菜70克，红椒60克，蒜片、葱段各少许

- **调料** 盐2克，鸡粉3克，芝麻油、料酒各5毫升，水淀粉、食用油各适量

- **做法**

①洗净的芹菜切段；洗好的红椒去籽，切成条。

②用油起锅，倒入蒜片、葱段，爆香，加入猪肚丝，炒匀。

③淋入料酒，注入适量清水，加入切好的红椒丝，再放入切好的芹菜段，翻炒均匀。

④加入盐、鸡粉，炒匀，倒入水淀粉、芝麻油。

⑤用锅铲快速翻炒约2分钟，至食材完全入味。

⑥关火后盛出炒好的菜肴，装入盘中，加入熟腰果即可。

🌿 调理功效

猪肚含有大量优质蛋白质，女性食用不仅有利于丰胸，还能缓解经期的不适症状。

西红柿炖牛腩 推荐食谱

●材料 牛腩185克，土豆190克，西红柿240克，洋葱30克，姜片5克，香菜3克

●调料 鸡粉3克，生抽3毫升，番茄酱20克，料酒、食用油各适量

●做法

①洋葱、西红柿切块；土豆切滚刀块；牛腩切小块。

②锅中注水烧开，倒入牛腩，汆去杂质，捞出。

③热锅注油烧热，倒入姜片，爆香，加入牛腩。

④淋入料酒、生抽，炒匀，注入清水，加入盐。

⑤转中火炖40分钟，倒入土豆，拌匀。

⑥续炖20分钟，倒入西红柿、洋葱、番茄酱，拌匀。

⑦续煮10分钟，加入鸡粉，关火后撒上香菜即可。

调理功效

西红柿能提高人体对蛋白质的消化吸收，有助于补充乳房发育所需的蛋白质。

调理功效

莲子有安神助眠、益肾固精等功效，搭配银耳、木瓜，还能起到丰胸的效果，女性在经期可适量食用。

木瓜莲子炖银耳

推荐食谱

- 材料　泡发银耳、去心莲子各100克，木瓜200克
- 调料　冰糖20克
- 做法

①砂锅中注入适量清水，倒入泡发银耳、莲子，拌匀。

②盖上盖，大火煮开之后转小火煮90分钟至食材熟软。

③揭开锅盖，放入切好的木瓜、冰糖，拌匀。

④盖上盖，小火续煮20分钟至析出有效成分。

⑤揭盖，搅拌一下，盛出炖好的汤料，装入碗中即可。

扫一扫看视频

调理功效

腐竹中维生素E含量丰富，能让乳房组织更有弹性，对乳房健康十分有益。

花生腐竹汤

推荐食谱

- 材料　水发腐竹80克，花生米75克，水发黄豆70克，水发干百合35克，姜片少许
- 调料　盐2克

- 做法

①洗净的腐竹对半切开；砂锅中注入清水烧开。

②倒入黄豆、百合、花生、腐竹、姜片，拌匀。

③盖上盖，大火煮开后转小火煮1小时至熟。

④揭盖，加入盐，搅拌片刻，关火后盛出即可。

推荐食谱 百合木瓜汤

- **材料** 水发百合、水发银耳各20克，去皮木瓜40克，去皮梨子半个，去心莲子适量

- **调料** 白糖20克

- **做法**

①洗净的梨子去核切块，洗好的木瓜切块，泡好的银耳去根切块。

②取出电饭锅，打开盖子，通电后倒入泡好的百合和切好的银耳。

③放入切好的木瓜、梨子、莲子，加入白糖。

④加入适量清水，至没过食材，快速搅拌均匀。

⑤盖上盖子，按下"功能"键，调至"甜品汤"状态，煮约2小时，至汤品入味。

⑥按下"取消"键，打开盖子，再搅拌一会儿。

⑦断电后将煮好的汤装碗，待稍微放凉后即可食用。

🌿 调理功效

木瓜丰胸效果显著，搭配百合和银耳，女性食用后还能起到养心润肺的作用。

🍳 调理功效

玉米中的维生素C能使皮肤细嫩光滑；排骨中丰富的不饱和脂肪酸有助于丰胸。

推荐食谱 排骨玉米汤

● 材料　排骨段500克，鲜玉米1根，胡萝卜、姜丝、葱段各少许

● 调料　盐、胡椒粉各少许

● 做法

① 玉米清洗干净，切成段；胡萝卜洗净，切块。

② 锅中注入清水，倒入排骨段，氽至断生，捞出，用清水洗净。

③ 另起锅加适量清水，倒入排骨、姜丝、葱段，煮沸。

④ 转到汤煲烧开，倒入玉米、胡萝卜，煮沸。

⑤ 用慢火煲40分钟至排骨熟软，加盐、胡椒粉调味，盛出即可。

扫一扫看视频

🍳 调理功效

花生中的卵磷脂，是促进乳房发育的必要成分，女性经期食用花生还有滋补养颜的功效。

推荐食谱 花生黄豆红枣羹

● 材料　水发黄豆250克，水发花生100克，去核红枣20克

● 调料　冰糖20克

● 做法

① 砂锅中注入适量水烧热，倒入已经泡好的黄豆。

② 放入泡好的花生，倒入红枣。

③ 加盖，大火煮开后转小火续煮40分钟至食材熟软。

④ 揭盖，倒入冰糖，搅拌至溶化，关火后盛出即可。

推荐食谱 鱼丸挂面

- **材料** 挂面70克，生菜20克，鱼丸55克，鸡蛋1个，葱花少许
- **调料** 盐、胡椒粉各2克，鸡粉1克，食用油适量
- **做法**

①洗净的生菜切碎；鸡蛋打入碗中，打散调匀，制成蛋液。

②热锅中注油，烧至四五成热，倒入蛋液，用中小火炸约1分钟，捞出。

③锅底留油，倒入清水烧开，放入挂面，拌匀，用中火煮约3分钟。

④倒入鱼丸，加入盐、鸡粉，拌匀调味，煮约1分钟。

⑤撒上胡椒粉、生菜、鸡蛋，拌匀，关火后盛出煮好的鱼丸挂面，撒上葱花即可食用。

调理功效

扫一扫看视频

鱼丸含有蛋白质、铁等成分，常食不仅能缓解经期不适，还对乳房的健康颇有好处。

推荐食谱 温补杏松豆浆

- **材料** 杏仁、松仁各20克，水发黄豆60克

- **做法**

①将浸泡8小时的黄豆倒入碗中，加清水洗净，用滤网沥干水分。

②将杏仁、松仁、黄豆倒入豆浆机中，加入清水至水位线。

③盖上豆浆机机头，选择"五谷"程序，按"开始"键，开始打浆。

④待豆浆机运转约15分钟，即成豆浆；断电，取下机头。

⑤用滤网滤取豆浆，倒入碗中，撇去浮沫即可。

调理功效

扫一扫看视频

松仁、杏仁中维生素E含量丰富，与富含植物蛋白的黄豆搭配，可滋补养颜、丰胸。

推荐食谱 玫瑰花豆浆

● 材料　水发黄豆60克，玫瑰花3克

● 做法

① 将已浸泡8小时的黄豆倒入碗中，加入适量清水。

② 用手将黄豆搓洗干净，将洗好的黄豆倒入滤网中，沥干水分。

③ 把玫瑰花、黄豆倒入豆浆机中，注入适量清水，至水位线即可。

④ 盖上豆浆机机头，选择"五谷"程序，再选择"开始"键，开始打浆。

⑤ 待豆浆机运转约15分钟，即成豆浆。

⑥ 将豆浆机断电，取下机头。

⑦ 把煮好的豆浆倒入滤网中，用汤匙搅拌，滤取豆浆。

⑧ 将豆浆倒入碗中，待稍微放凉后即可饮用。

扫一扫看视频

调理功效

黄豆富含蛋白质，还含有植物雌激素、异黄酮类物质，能促进女性雌激素的分泌，达到丰胸的作用。

枸杞蜂蜜柚子茶 推荐食谱

- ●材料　柚子皮100克，水发枸杞10克
- ●调料　冰糖60克，蜂蜜30克

●做法

①备好的柚子皮切成丝，待用。

②砂锅中放入泡枸杞的水，再倒入适量清水。

③倒入柚子皮丝、冰糖，拌匀，盖上锅盖，大火煮开后转小火煮10分钟。

④揭盖，倒入枸杞，拌匀；盖上锅盖，小火续煮2分钟至析出药性；揭盖，加蜂蜜拌匀，将柚子茶装入罐中。

⑤盖上盖，密封2天即可食用。

调理功效

女性经期适量食用枸杞，有助于内分泌恢复正常水平，加速乳腺组织营养成分的供给。

美肌

补足气血，肤色自然红润动人

每个女性大约从12岁开始就多了一个好朋友，那就是月经，但伴随而来的还有脸色苍白、长痘、肤色暗沉、油光等肌肤问题。这是由经期体内激素分泌的变化、气血运行不畅通等原因导致的。如果在经期注意饮食，调理好气血，对保养皮肤则大有裨益。

饮食要点

【增加富含蛋白质及矿物质的食物】女性经期会丢失一部分血液，而血液的主要成分有血浆蛋白、钾、铁、镁等，因此多补充这些营养素，可补血养血，使人脸色红润。

【饮食营养、易消化】经期多吃营养丰富、容易消化的食物，可促进营养物质的吸收，使大便保持通畅，顺利排出废物和毒素，预防毒素沉积导致的肤色油腻、暗沉。

【多吃富含维生素C的食物】维生素C可抑制皮肤中黑色素的形成，有一定的美白肌肤的作用，经期吃富含维生素C的食物，还有利于缓解烦躁不安的情绪。

【忌油炸及辛辣食物】经期女性皮脂分泌增多、毛细血管扩张，皮肤变得敏感。此时进食油炸及辛辣食品，使肌肤排泄负担加重，容易引发粉刺、痤疮、毛囊炎。

明星食物

鸡肉、瘦肉、鱼肉、黄瓜、西红柿、冬瓜、丝瓜、白菜、白萝卜、茄子、莲藕、银耳、蜂蜜、橘子、猕猴桃

生活细节

【做好肌肤的清洁工作】女性经期受内分泌、雌性激素等的影响，易分泌油脂，应多用温热水清洁皮肤，并加强保湿。

【注意防晒】女性在经期时的皮肤比较脆弱、敏感，很容易受伤，所以应注重防晒，避免色斑的形成。

【忌熬夜】晚间11点至凌晨1点为肝脏排毒的最佳时间，应在11点之前入睡。

推荐食谱 青菜干贝烩口蘑

- **材料** 水发干贝10克，口蘑25克，上海青20克，高汤150毫升
- **调料** 盐3克，鸡粉2克，生抽、胡椒粉、水淀粉各适量
- **做法**

①锅中注入适量清水烧开，倒入口蘑，略煮。

②放入上海青，加入盐，拌匀，捞出焯好的食材，装入盘中，将上海青沿盘子边沿摆好。

③锅中倒入高汤、干贝、口蘑，略煮。

④放入盐、鸡粉、生抽、胡椒粉，拌匀，用水淀粉勾芡。

⑤关火后将锅中的菜肴盛出，装入盘中即可。

🍴 **调理功效**

干贝含有蛋白质、维生素E、钙、磷、铁等营养成分，可补气益血、滋养皮肤。

扫一扫看视频

推荐食谱 西芹腰果炒香干

- **材料** 西芹220克，香干250克，红椒30克，熟腰果80克，蒜末、姜片各少许
- **调料** 盐、白糖各2克，鸡粉3克，生抽5毫升，水淀粉、食用油各适量
- **做法**

①红椒切片；西芹切小段；洗净的香干对半切开，改切块。

②锅中注水烧开，分别倒入西芹块、香干块，焯煮片刻，捞出。

③用油起锅，放姜片、蒜末爆香，倒入香干块、生抽，拌匀。

④倒入西芹段、红椒片，加入清水、盐、鸡粉、白糖，炒匀，倒入水淀粉，炒2分钟，盛出，放上熟腰果即可。

🍴 **调理功效**

香干具有补血养血的功效，经期女性食用，有助于改善皮肤的血液循环，使面色红润。

扫一扫看视频

魔芋鸡丝荷兰豆

- **材料** 魔芋手卷100克，荷兰豆120克，熟鸡脯肉80克，红椒20克，蒜末、葱花各少许
- **调料** 白糖2克，生抽、芝麻油各5毫升，陈醋4毫升，盐少许

● 做法

①将魔芋手卷的绳子解开，熟鸡脯肉撕成细丝。

②洗净的红椒切圈，处理好的荷兰豆切成丝，待用。

③锅中注入适量的清水，用大火烧开，倒入魔芋手卷，拌匀，汆至断生，捞出，沥干水分。

④将荷兰豆倒入锅中，焯至断生，捞出，沥干水分。

⑤取一个碗，放入魔芋手卷、荷兰豆、鸡脯肉。

⑥加入少许盐、白糖，淋入生抽、陈醋、芝麻油，搅拌匀。

⑦将红椒圈在盘边摆成一圈做装饰，盘中倒入拌好的魔芋手卷。

⑧撒上备好的蒜末、葱花，待稍微冷却后即可食用。

🌿 调理功效

魔芋中含有的葡萄甘露聚糖具有强大的膨胀力，可促进消化、清理血管杂质，从而达到美肌的目的。

鳕鱼蒸鸡蛋

扫一扫看视频

●材料　鳕鱼100克，鸡蛋2个，南瓜150克

●调料　盐1克

●做法

①将洗净的南瓜切成片；鸡蛋打入碗中，打散调匀。

②烧开蒸锅，放入南瓜、鳕鱼，盖上盖，用中火蒸15分钟至熟；揭盖，把蒸熟的南瓜、鳕鱼取出。

③把鳕鱼压烂，剁成泥状；把南瓜压烂，剁成泥状；在蛋液中加入南瓜、部分鳕鱼，放入盐，搅拌匀。

④将拌好的材料装入另一个碗中，放在烧开的蒸锅内，盖上盖，蒸8分钟，取出，放上剩余的鳕鱼肉即可。

调理功效

南瓜含有丰富的维生素C、钙、磷、镁等成分，不仅有美白的功效，还可为经期女性补充营养。

推荐食谱 肉苁蓉蒸鲈鱼

扫一扫看视频

●材料　净鲈鱼350克，肉苁蓉15克，
　　　　枸杞8克，姜片、葱段各少许
●调料　料酒4毫升，盐2克

●做法
①将处理干净的鲈鱼背部切开，待用。
②把鲈鱼装入盘中，填入部分姜片、葱段。
③撒上盐，淋入料酒，抹匀，腌渍约30分钟，备用。
④去除姜片、葱段，将鲈鱼放入蒸盘。
⑤放上余下的姜片、葱段，再放入肉苁蓉、枸杞。
⑥蒸锅上火烧开，放入处理好的鲈鱼，盖上盖，蒸20
分钟；揭盖，取出鲈鱼，拣出姜片、葱段即可。

调理功效

鲈鱼含有钙、镁等成分，可补充女性经期体内随
血液流失的矿物质，促进女性面部红润。

冬瓜虾仁汤

- **材料** 去皮冬瓜、虾仁各200克，姜片4克
- **调料** 盐2克，料酒4毫升，食用油适量

- **做法**

①冬瓜切片，倒入电饭锅，通电。

②倒入洗净的虾仁、姜片、料酒、食用油，注水至没过食材，拌匀。

③盖上盖子，按下"功能"键，再调至"靓汤"状态，煮约30分钟，至食材熟软入味。

④按下"取消"键，打开盖子，加入盐调味，断电后将煮好的汤装碗即可。

🌿 调理功效

虾仁营养丰富，有化瘀解毒的作用，冬瓜可利尿消肿，两者煮成汤，味道清甜鲜美，还有较好的护肤作用。

 木瓜牛奶饮

- **材料** 木瓜肉140克，牛奶170毫升
- **调料** 白糖适量

- **做法**

①木瓜肉切条形，改切成小块。

②取榨汁机，选择搅拌刀座组合，倒入木瓜块，加入牛奶。

③注入适量纯净水，撒上少许白糖，盖好盖子。

④选择"榨汁"功能，榨取果汁。

⑤断电后倒出果汁，装入备好的杯中即可饮用。

🌿 调理功效

牛奶中含有丰富的蛋白质，女性常食，对增强皮肤组织细胞的活力、改善皮肤状况可起到良好的作用。

玫瑰玉米甜糯粥

推荐食谱

- ●材料　水发糯米、玉米粒各30克，水发玫瑰花5克
- ●调料　冰糖适量

●做法

①备好焖烧罐，放入洗净的糯米，再放入玉米粒。

②加入备好的玫瑰花，注入适量开水至八分满。

③盖上盖子，轻轻摇晃片刻，预热约1分钟。

④待预热结束，揭开盖子，将里面的水沥干。

⑤再放入适量的冰糖，倒入适量开水至八分满。

⑥盖上盖子，摇晃均匀，焖约3小时至食材熟透。

⑦待时间到揭开盖，将焖好的粥盛出，装入碗中，即可食用。

扫一扫看视频

调理功效

糯米有补中益气、健脾养胃之功效；玉米中含有大量的维生素C，对美白肌肤功效显著。

 红枣枸杞双米粥

- **材料** 水发小米、水发糯米各20克，红枣2颗，枸杞5克
- **调料** 冰糖20克

- **做法**

①洗净的红枣去核切丁。

②往焖烧罐中加入小米、糯米。

③注入煮沸的清水至八分满，旋紧盖子，静置1分钟。

④揭盖，将开水倒出，倒入红枣、枸杞、冰糖。

⑤注入煮沸的清水至八分满，焖3个小时即可。

调理功效

扫一扫看视频

小米、红枣均能益气补血，与美容养颜的枸杞煮粥，对经期女性滋养肌肤大有好处。

食谱 西红柿鸡蛋热汤面

- **材料** 熟面条210克，鸡蛋液60克，西红柿85克，香菜、葱段各少许
- **调料** 盐、鸡粉各3克，食用油适量
- **做法**

①西红柿切成小块，待用。

②锅中注入食用油烧热，倒入调好的鸡蛋液，快速翻炒，将炒好的鸡蛋盛入碗中，待用。

③另起锅注油烧热，放葱段爆香，倒入西红柿，稍微压碎。

④注入清水，倒入鸡蛋，撒上盐、鸡粉，拌匀煮沸。

⑤关火后将煮好的汤浇在熟面条上，放上香菜即可。

调理功效

扫一扫看视频

西红柿富含维生素A、维生素C，且比例合适，常吃可增强血管功能，防止皮肤老化。

🍵 调理功效

红枣的补血功效显著，搭配膳食纤维丰富的黄豆、高粱米同食，对改善面部气色有益。

推荐食谱 **高粱红枣豆浆**

● 材料　水发高粱米50克，水发黄豆55克，红枣12克

● 做法

①红枣去核，切成小块；将浸泡8小时的黄豆倒入碗中，放入高粱米。

③加清水洗净，倒入滤网中沥干，把沥干的材料倒入豆浆机中。

③放入红枣，注入清水至水位线；盖上机头，选择"五谷"程序。

④按"开始"键，开始打浆；待豆浆机运转约20分钟，即成豆浆。

⑤断电，取下机头，用滤网滤取豆浆，倒入杯中即可。

🍵 调理功效

牛奶含有蛋白质、磷脂和多种维生素、矿物质，可生津止渴、补虚健脾、美容护肤。

推荐食谱 **玫瑰奶茶**

● 材料　牛奶75毫升，红茶叶、玫瑰花各少许

● 调料　蜂蜜适量

● 做法

①砂锅中注水烧开，倒入红茶叶、玫瑰花，搅匀。

②盖上盖，用中火煮约3分钟；揭盖，关火待用。

③取一个杯子，倒入牛奶，将煮好的茶汁滤入杯中。

④待奶茶温热时，加入少许蜂蜜，搅拌均匀。

⑤趁热饮用即可。

推荐 食谱 大麦茶

● 材料　水发大麦100克

● 做法

① 将锅置于火上，烧热，倒入处理好的大麦。

② 转中火翻炒30分钟至熟。

③ 关火，将炒好的大麦盛出，装入洗净的盘中。

④ 把大麦倒入隔渣袋里，将袋子系好，待用。

⑤ 砂锅中注入适量清水，用大火烧开，放入隔渣袋。

⑥ 盖上锅盖，大火煮10分钟，至析出有效成分。

⑦ 揭开锅盖，将隔渣袋捞出来。

⑧ 关火后盛出煮好的茶，装入备好的杯中即可。

调理功效

大麦含有蛋白质、维生素、钙、磷、钾、铁、镁等成分，可起到补血活血、润泽肌肤等功效。

扫一扫看视频

抗衰老

保养子宫和卵巢，让女人青春常驻的秘诀

  子宫和卵巢都是女人的重要器官，保养好卵巢和子宫为女性实现健康、美丽的首要条件。同时，卵巢掌控着女性的雌性激素分泌、体形变化，因此，女性想要保持好身材、延缓衰老，保养子宫和卵巢是明智之举。

饮食要点

  【多喝能够驱寒暖宫的汤或温开水】 经期可用鸡肉、红豆、红枣等炖汤，或者喝生姜水、温开水，这样可帮助身体去除湿寒，缓解痛经及腰腿酸软的症状。

  【增加富含维生素的食物】 维生素C和维生素E对子宫有很好的保健作用，可降低女性患子宫肌瘤、卵巢癌的风险，在经期可适量增加富含维生素的食物。

  【注意补充高钙食物】 如果体内缺乏钙，经期血钙下降，易发生抽筋的现象，甚至出现痛经。经期多补钙，可加强身体的抵抗力，且能降低卵巢癌的发生概率。

  【忌食生冷食物】 经期吃生冷食物，血液受到低温刺激，流通度变差，容易产生血块，造成痛经。而且，寒凝于子宫还易引起血瘀，易使子宫发生病变。

明星食物

  老母鸡、乌鸡、羊肉、动物肝脏、猪骨、猪皮、鸡蛋、黑豆、胡萝卜、菠菜

生活细节

  【注意保暖】 适当地热敷腹部。经期要注意腹部、足部的保暖，切忌贪凉。可用热水袋热敷腹部，缓解不适。

  【调节情绪，保持心情舒畅】 经期情绪过度波动、紧张，易使促性腺激素的分泌受到影响而引起月经不调，经期可多听舒适的音乐、看轻松的电视节目来调节情绪。

  【避免性生活】 经期宫腔防御力降低，应避免性生活，以免细菌带入，引发炎症。

微波西红柿

- ●材料　西红柿300克，葱段8克
- ●调料　盐、鸡粉各2克，生抽5毫升，
　　　　白糖3克，食用油适量

- ●做法

①洗净的西红柿切块，放入碗中，加入葱段。

②放入生抽、鸡粉、盐、白糖，淋入食用油，拌匀，盖上盖。

③备好微波炉，打开炉门，放入切好的西红柿。

④关上炉门，按"开始"键启动，定时加热3分钟。

⑤取出做好的西红柿，倒入盘中即可。

🌿 **调理功效**

西红柿富含铁、磷等矿物质，女性在经期进食，可补血补气，延缓子宫和卵巢的衰老。

 木耳炒百叶

- ●材料　牛百叶150克，水发木耳80
　　　　克，红椒、青椒各25克，姜片
　　　　少许
- ●调料　盐3克，鸡粉少许，料酒4毫
　　　　升，水淀粉、芝麻油、食用油
　　　　各适量

- ●做法

①洗净的牛百叶切块，木耳去根切块，青椒去籽切片，红椒去籽切片。

②锅中注水烧开，倒入木耳、牛百叶，焯后捞出，沥干。

③用油起锅，撒上姜片，爆香，倒入青椒、红椒片。

④放入木耳和牛百叶，淋入料酒，注水煮沸，加盐、鸡粉调味，用水淀粉勾芡，淋上芝麻油，炒匀，盛出即可。

🌿 **调理功效**

 扫一扫看视频

木耳含有优质蛋白质，具有养血驻颜、红润肌肤、疏通肠胃等作用。

经期抗衰老调养食谱

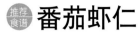 番茄虾仁

- **材料** 虾仁80克，番茄60克，葱段、姜丝各3克，香菜少许
- **调料** 食用油、料酒、生抽、蒸鱼豉油各3毫升，白糖3克

- **做法**

①番茄切丁；取一碗，放入虾仁、料酒、生抽、蒸鱼豉油、白糖。

②加入食用油、姜丝、葱段，腌渍10分钟，将番茄倒入，拌匀。

③将食材转入洗净的杯中，盖上备好的保鲜膜。

④微波炉备好放在台面上，打开箱门，将杯子放入，加热2分钟。

⑤取出杯子，取下保鲜膜后，点缀上香菜即可。

扫一扫看视频

调理功效

虾仁是女性经期滋补的佳品，其富含维生素C、铁、钙，可延缓衰老、益气补血。

猪肉白菜炖粉条

- **材料** 五花肉100克，大白菜250克，水发红薯粉条70克，姜片、葱段各少许
- **调料** 盐、鸡粉、白胡椒粉各3克，食用油适量

- **做法**

①五花肉切成片，大白菜切成条，装盘待用。

②热锅中注油烧热，倒入五花肉，炒至转色，倒入葱段、姜片，爆香。

③倒入大白菜，炒片刻，注入400毫升清水，煮沸。

④放入粉条，加盐，大火煮开后转小火炖5分钟。

⑤加入鸡粉、白胡椒粉，拌至入味，关火后盛出即可。

扫一扫看视频

调理功效

白菜含水量高，且富含维生素C，有很好的护肤、抗衰老功效，女性经期可适量食用。

芹菜炒猪皮

推荐食谱

- **材料** 芹菜70克，红椒30克，猪皮110克，姜片、蒜末、葱段各少许

- **调料** 豆瓣酱6克，盐4克，鸡粉2克，白糖3克，老抽2毫升，生抽3毫升，料酒4毫升，水淀粉、食用油各适量

- **做法**

①猪皮切成粗丝；芹菜切成小段；红椒去籽，再切成粗丝。

②锅中注水烧开，倒入猪皮，搅匀，放入盐，用大火煮沸，捞去浮沫。

③盖上锅盖，用中火煮约15分钟，至其熟透。

④取下盖子，捞出煮好的猪皮，沥干水分，待用。

⑤用油起锅，放姜片、蒜末、葱段爆香，倒入猪皮，炒匀。

⑥淋入料酒，加入老抽、白糖、生抽，炒匀，至猪皮上色。

⑦倒入红椒、芹菜，炒至断生，加入清水、豆瓣酱、盐、鸡粉，炒至入味。

⑧倒入水淀粉勾芡，关火后盛出菜肴，放在盘中的即成。

调理功效

猪皮含有非常丰富的胶原蛋白，女性食用可增强皮肤的弹性，延缓身体各器官的衰老。

扫一扫看视频

奶油胡萝卜汤

推荐
食谱

●**材料** 洋葱40克，淡奶油50克，胡萝
卜80克

●**调料** 盐、鸡粉、白糖各1克，橄榄
油10毫升

●**做法**

①洗净的洋葱切丝，洗好的胡萝卜切片，待用。

②锅置火上，倒入橄榄油，放入洋葱丝、胡萝卜片。

③注入适量清水至没过食材，搅匀；加盖，煮约15分
钟；揭盖，关火后将煮好的汤盛入榨汁杯中。

④加盖，榨约40秒，倒入碗中；锅置火上，倒入蔬菜
汤，加盐、白糖、鸡粉，淋入大部分淡奶油调味。

⑤关火后盛出汤，淋入剩余淡奶油即可。

🌿 调理功效

胡萝卜含有维生素C、葡萄糖，尤适宜在经期食
用，能防止皮肤干涩衰老。

枣仁补心血乌鸡汤
推荐食谱

- ●材料　酸枣仁、怀山药、枸杞、天麻、玉竹、红枣各适量，乌鸡200克
- ●调料　盐2克
- ●做法
①将酸枣仁装进隔渣袋里，装入清水碗中，放入红枣、玉竹、天麻。
②加入怀山药，搅拌均匀，将汤料泡发10分钟。
③枸杞单独装碗，倒入适量清水泡发10分钟。
④捞出泡好的红枣、玉竹、天麻、怀山药、隔渣袋和枸杞，沥干。
⑤沸水锅中将乌鸡汆去血水，捞出；将乌鸡倒入砂锅中，注水，放入泡好的食材，煮熟加盐即可。

🌿 **调理功效**

乌鸡汤具有很好的增强免疫力、延缓衰老、润肤养颜、补气补血的功效，尤其适合女性在经期食用。

红薯糙米饭
推荐食谱

- ●材料　水发糙米220克，红薯150克

- ●做法
①将红薯切成丁；锅中注入适量的清水烧热。
②倒入糙米，拌匀，烧开后转小火煮约40分钟。
③倒入红薯丁，搅散、拌匀，用中小火续煮15分钟。
④揭盖，搅拌几下，关火后盛出煮好的糙米饭。
⑤装在碗中，稍微冷却后食用即可。

🌿 **调理功效**

扫一扫看视频

红薯富含维生素和膳食纤维，女性在经期食用，可帮助身体排出毒素，延缓机体衰老。

推荐食谱

豆角叶鸡蛋饼

●材料　豆角叶20克，鸡蛋液40克，面粉50克

●调料　盐、鸡粉、白胡椒粉各3克，食用油适量

●做法

①洗净的豆角叶对半切开，改切成小碎片，装入盘中待用。

②往备好的碗中加入面粉、鸡蛋液、豆角叶。

③加入盐、鸡粉、白胡椒粉，注入50毫升清水。

④充分拌匀至黏稠。

⑤热锅中注油烧热，倒入面糊，平铺成饼状。

⑥将鸡蛋饼煎至成焦黄色，捞出，装盘待用。

⑦将鸡蛋饼切成三角形状。

⑧将切好的鸡蛋饼放入盘中，待稍微冷却后即可食用。

🌱 调理功效

鸡蛋中含有人体所需的多种营养素，并且具有易吸收的特点，有健脑益智、延缓衰老等功效。

鸡蛋肉片炒面

扫一扫看视频

● **材料** 熟拉面160克，洋葱50克，胡萝卜75克，猪瘦肉80克，蛋液60克

● **调料** 盐4克，鸡粉、胡椒粉各2克，料酒、水淀粉各4毫升，生抽5毫升，老抽3毫升，食用油适量

● **做法**

① 洋葱对切开，切成丝；胡萝卜切成片，再切丝。

② 处理好的瘦肉切成片，装入碗中，加入盐、料酒、胡椒粉，加入水淀粉、食用油，拌匀，腌渍10分钟。

③ 热锅中注油烧热，倒入蛋液，炒散后盛出装碗。

④ 锅底留油烧热，放入肉片，炒至转色，倒入洋葱、胡萝卜、拉面，淋入生抽、老抽，加盐、鸡粉，炒入味。

⑤ 倒入鸡蛋，炒匀，关火后盛出，装入盘中即可。

调理功效

鸡蛋和瘦肉均是含有优质蛋白质的食物，女性经期食用可补益气血、增强体力、延缓衰老。

扫一扫看视频

🌾 调理 功效

女性在经期适量食用南瓜，可
改善消化功能，并可补充维生
素、滋养皮肤、延缓衰老。

推荐食谱 核桃红枣抗衰豆浆

●材料　红枣、核桃仁各15克，南瓜50
　　　　克，水发小麦40克

●做法

①南瓜切成小块；红枣去核，切成小
块，装盘备用。

②把小麦倒入豆浆机中，放入核桃仁、
红枣、南瓜。

③注入清水至水位线；盖上豆浆机机
头，选择"五谷"程序。

④按"开始"键，开始打浆；待豆浆机
运转20分钟，即成豆浆。

⑤断电，取下机头，用滤网滤取豆浆，
倒入杯中即可。

推荐食谱 玫瑰香附茶

●材料　玫瑰花1克，香附3克
●调料　冰糖少许

●做法

①取一个茶杯，倒入备好的香附、玫瑰
花、冰糖。

②注入适量的开水，搅拌一会儿。

③盖上盖，泡约10分钟至药材析出有效
成分。

④揭开盖，趁热饮用即可。

🌾 调理 功效

玫瑰花性温，具有理气解郁、
活血散淤、调经止痛的功效，
有助于女性防衰抗老。

红枣大麦茶

●材料　熟大麦30克，红枣20克

●做法

①取备好的砂锅，注入适量的清水，用大火烧开。

②倒入备好的大麦，稍微搅拌一会儿，至大麦析出有效成分。

③再倒入洗净的红枣，用汤勺慢慢搅拌均匀。

④盖上盖子，用大火煮约15分钟。

⑤煮至食材有效成分完全析出。

⑥揭开盖子，关火后将已经煮好的茶水盛出。

⑦装入备好的茶杯中，待稍稍冷却后即可饮用。

🌱 **调理功效**

大麦茶有很好的止渴和利尿的作用，能帮助经期女性补充所需的水分，并且能加快代谢、延缓衰老。

扫一扫看视频

Part 4

常见月经病调理
——由内至外的养生养颜法

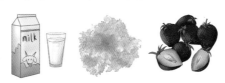

　　对于月经，大多数女性是又爱又恨的。每月1次的生理性出血可以提高身体造血功能，且在这几天我们有理由不干活、不减肥、发脾气，恨的是她又让我们的身体不舒服，小腹坠胀或是乏力，甚至还伴随着疼痛、淋漓不尽等困扰。其实月经期间若是能够细心的做好身体保养，不仅能远离月经病，还能起到美容的效果哦。

痛经

病症介绍

凡在经期或经行前后，出现周期性小腹疼痛，或痛引腰骶，甚至剧痛晕厥者，称为"痛经"，亦称"经行腹痛"。主要病机在于邪气内伏或精血素亏，更值经期前后冲任二脉气血的生理变化急骤，导致胞宫的气血运行不畅，"不通则痛"，或胞宫失于濡养，"不荣则痛"，故使痛经发作。

饮食要点

【合理营养，补充维生素E】 饮食不能有所偏嗜，应包含机体所需要的蛋白质、糖类、脂肪、维生素、矿物质、水和膳食纤维等7大营养素。其中，维生素E有维持生殖器官正常功能和肌肉代谢的作用，可适当补充，维生素E含量高的食物有谷胚、麦胚、蛋黄、叶菜、花生油等。

【避免食用含咖啡因的食物】 咖啡、茶、可乐、巧克力中所含的咖啡因，会使神经紧张，可能加重月经期间的不适，因此，应避免食用此类食物。此外，咖啡所含的油脂也可能刺激小肠，引起腹痛。

【忌吃生冷寒凉的食物】 女性平时或经期嗜食寒凉生冷的食物，易伤阳气，使寒湿不化，伤于下焦，客于胞中，血被寒凝以致痛经。此类食物包括：各类冷饮、生拌凉菜、黄瓜、螃蟹、田螺、蚌肉、梨、柿子、西瓜、马蹄、橙子等。

【忌吃酸涩食物】 酸涩食物味酸性寒，具有收敛固涩的作用，使血管收缩、血液凝滞，不利于经血的畅行和排出，故痛经者需忌食。酸涩食物包括泡菜、石榴、阳桃、酸枣、荔枝、柠檬等。

生活细节

【预防剧烈的情绪波动】 沉重的思想负担，过分的忧郁沮丧，再加上对痛经的敏感、恐惧、紧张心理，均可刺激中枢神经系统，使子宫过度收缩及伴随子宫血流量减少，可引起痛经或使痛经症状加重。因此，女性月经期间尤应保证心情愉快，尽量避免情绪波动。

【月经期注意腹部保暖，双脚勿下冷水】 用热水袋温暖腹部，能活血化瘀、温暖子宫、促进腹部血液循环，有效减轻女性经期的腹痛、腰骶酸痛。在月经期，应避免冒雨涉水、下水游泳等行为，以免感受寒邪，而出现小腹冷痛。

痛经调养食谱

玉竹烧胡萝卜

- ●材料　胡萝卜85克，高汤300毫升，玉竹少许
- ●调料　盐、鸡粉各2克，食用油适量

- ●做法
① 洗好的玉竹切成小段。
② 洗净去皮的胡萝卜切片，再切条形，用斜刀切块，备用。
③ 用油起锅，倒入胡萝卜，炒匀，加入高汤、玉竹，搅匀。
④ 盖上盖，煮约10分钟至熟；揭盖，加盐、鸡粉，炒匀调味。
⑤ 用大火收汁，至汤汁收浓，关火后盛出即可。

🌿 **调理功效**

胡萝卜富含维生素，女性经期适量食用，既能补充营养，还能起到补血的作用。

扫一扫看视频

木瓜银耳炖牛奶

- ●材料　去皮木瓜135克，水发银耳100克，水发枸杞15克，水发莲子70克，牛奶100毫升
- ●调料　冰糖45克
- ●做法
① 木瓜切块，银耳去根切块，待用。
② 砂锅注水烧热，倒入银耳块、去心的莲子、冰糖。
③ 加盖，用大火煮开后转小火炖30分钟至食材熟软。
④ 揭盖，倒入木瓜块、枸杞、牛奶，搅拌均匀。
⑤ 加盖，用大火煮开后转小火炖15分钟至甜品汤入味。
⑥ 揭盖，关火后盛出炖好的甜品汤，装碗即可。

🌿 **调理功效**

木瓜和银耳中富含维生素C，牛奶营养全面，搭配食用可缓解痛经、经期情绪不佳等。

扫一扫看视频

推荐食谱 金丝韭菜

扫一扫看视频

●材料　韭菜段130克，鸡蛋1个

●调料　盐、鸡粉各1克，水淀粉5毫升，食用油适量

●做法

①鸡蛋打入碗中，加入水淀粉，搅匀成蛋液。

②锅置火上，倒入蛋液，晃动煎锅，将蛋液摊均匀，用中小火煎约90秒成蛋皮。

③取出蛋皮，放在砧板上卷成卷，再切成丝，待用。

④用油起锅，倒入洗净的韭菜段，翻炒数下。

⑤放入蛋丝，翻炒均匀，加入盐、鸡粉，炒匀调味。

⑥关火后盛出炒好的金丝韭菜，装盘即可。

🌱 调理功效

韭菜性温，搭配营养丰富的鸡蛋同食，不仅营养开胃，而且可以促进气血循环畅通，缓解痛经。

推荐食谱 酱香菜花豆角

- **材料** 花菜270克，豆角380克，熟五花肉200克，洋葱100克，青彩椒50克，红彩椒60克，姜片少许
- **调料** 盐、鸡粉各1克，水淀粉5毫升，豆瓣酱40克，食用油适量
- **做法**

①洗净的洋葱切块，青彩椒、红彩椒去籽切片，熟五花肉切片，豆角切段。

②沸水锅中倒入去梗切块的花菜、豆角，汆至断生，捞出。

③另起锅注油，倒入切好的五花肉，放入姜片，炒1分钟，放入豆瓣酱、花菜和豆角，炒匀。

④加盐、鸡粉，注水，倒入青、红彩椒和洋葱，用水淀粉勾芡，装盘即可。

🍳 **调理功效**

本品美味营养，非常适合经期腹部疼痛、食欲不佳、精神不振的女性食用。

扫一扫看视频

推荐食谱 牛奶蛋黄粥

- **材料** 水发大米130克，牛奶70毫升，熟蛋黄30克
- **调料** 盐适量

- **做法**

①将熟蛋黄切碎，备用。

②砂锅中注水烧开，倒入洗净的大米，拌匀。

③盖上盖，煮约30分钟至大米熟软。

④揭盖，放入熟蛋黄、牛奶，搅拌匀。

⑤加入少许盐，搅匀调味，略煮片刻至食材入味，关火后盛出即可。

🍳 **调理功效**

蛋黄中富含维生素E，可以起到缓解痛经的作用；蛋黄还富含铁，可补血养血。

扫一扫看视频

推荐食谱 **大麦红糖粥**

- ●材料　大麦渣350克
- ●调料　红糖20克

●做法

①砂锅注水，倒入大麦渣，拌匀。

②加盖，用大火煮开后转小火续煮30分钟至熟软。

③揭盖，倒入备好的红糖，用中火搅拌至溶化。

④关火后盛出煮好的粥，装碗即可。

扫一扫看视频

🌾 **调理功效**

红糖对缓解虚寒造成的痛经有很好的效果，还能够补血养血，改善人体新陈代谢功能。

推荐食谱 **杯子榨菜香菇蒸肉**

- ●材料　肉馅100克，榨菜30克，香菇15克，姜末3克，葱花2克
- ●调料　生抽3毫升，鸡粉2克，生粉适量

●做法

①榨菜洗净后切碎，洗净的香菇切碎。

②肉馅装碗，加榨菜、香菇、姜末、生抽、鸡粉、生粉，拌匀。

③将拌匀的食材转移到杯子中，盖上保鲜膜，蒸15分钟。

④取出杯子，揭去保鲜膜，将杯中食材倒入碗中，撒上葱花即可。

扫一扫看视频

🌾 **调理功效**

猪肉有补肾养血的功效，此菜鲜香扑鼻，营养全面，尤适合经期腹痛的女性食用。

青菜肝末

推荐食谱

- **材料** 猪肝80克，芥菜叶60克
- **调料** 盐少许

- **做法**

① 汤锅中注入适量清水，大火烧开，放入洗净的芥菜叶，煮约半分钟至熟。

② 把煮好的芥菜叶捞出，放凉后切成粒，剁碎。

③ 洗好的猪肝切片，切碎，再剁成末，备用。

④ 汤锅中注入适量清水，大火烧开，放入切好的芥菜叶。

⑤ 再倒入切好的猪肝，用大火煮沸。

⑥ 往锅中加入适量盐，用锅勺拌均匀。

⑦ 将煮好的青菜猪肝末盛出，装入碗中即可。

🌱 **调理功效**

本品非常适宜身体虚弱、气血不足的痛经患者食用，常食可以起到益气养肝、补血健脾的功效。

扫一扫看视频

木瓜排骨汤

- **材料** 木瓜200克，排骨500克，蜜枣30克，姜片15克
- **调料** 盐、鸡粉各3克，胡椒粉少许，料酒4毫升，食用油适量

●**做法**

①洗净的木瓜去皮，去籽，把果肉切长条，改切成丁。

②洗净的排骨斩成块。

③砂锅中倒入600毫升清水，放入排骨，盖上盖，用大火烧开。

④揭盖，捞去锅中浮沫，放入蜜枣、姜片、料酒、木瓜。

⑤盖上盖，烧开后用小火炖1小时至散出香味。

⑥揭盖，加入适量鸡粉、盐、胡椒粉，拌匀调味。

⑦关火，取下砂锅即成。

调理功效

木瓜富含胡萝卜素、多种氨基酸，食之可改善腹部寒凉引起的痛经，起到活血散寒、缓解痛经的功效。

核桃腰果莲子煲鸡 推荐食谱

扫一扫看视频

●材料　鸡肉块300克，水发莲子35克，核桃仁20克，红枣25克，腰果仁30克，陈皮8克，鲜香菇45克

●调料　盐少许

●做法

① 锅中注入适量清水，大火烧开，倒入洗净的鸡肉块，拌匀，汆约2分钟。

② 捞出汆过水的鸡肉块，沥干水分，待用。

③ 砂锅中注水烧热，倒入汆好的鸡肉块、洗净的香菇。

④ 撒上红枣、核桃仁、莲子、陈皮、腰果仁，拌匀。

⑤ 盖上盖，烧开后转小火煮约120分钟，至食材熟透。

⑥ 揭盖，加入少许盐，拌匀调味，关火后盛出即可。

调理功效

本品食材多样，营养丰富，对气血不畅、经血亏虚引起的小腹疼痛及不适有较好的食疗功效。

闭经

病症介绍

女子年逾18周岁，月经尚未来潮，或月经来潮后又中断6个月以上者，称为"闭经"，前者称原发性闭经，后者称继发性闭经，古称"女子不月""月事不来""经水不通""经闭"等。发病机理主要是冲任气血失调，有虚、实两个方面，虚者由于冲任亏败，源断其流；实者因邪气阻隔冲任，经血不通。

饮食要点

【闭经属虚证者，宜多食具有滋补作用的食物】羊肉、鸡肉、猪瘦肉、核桃、红枣、板栗、枸杞、山药等食物滋补作用强，虚证闭经者宜多食。

【闭经属实证者，饮食宜清淡易于消化】多食具有活血通经作用的食物，如山楂、橙子、黑豆、上海青、黑木耳、墨鱼等。

【饮食平衡合理，不挑食、不偏食】高蛋白食物如蛋类、牛奶、鸡肉、瘦肉、鱼类、牡蛎等以及蔬菜、水果宜多吃，保证摄入足够的营养物质。有目的地选择一些禽肉、牛羊肉等，配合蔬菜烹调食用，可以起到补肾益精、健脾养血的作用。

【忌食生冷、不利营养经血的食物】各种生冷食物，如凉拌菜、凉性水果等食用后可引起血管收缩，加重血液凝滞，使经血避而不行，故应忌食。大蒜、大头菜、茶叶、苋菜、冬瓜等，多食会造成精血生成受损，使经血乏源而致闭经，故也应忌食。

生活细节

【忌盲目减肥】盲目减肥时，大脑皮层会发生强行抑制，进一步对下丘脑的黄体生成素释放激素分泌中枢造成影响，使之分泌减少，进而减少脑垂体分泌的促黄体生成素和促卵泡素，因而发生闭经。闭经时间越短，求治越早，治愈机会就越多，通常闭经时间在3年以内的女性治疗效果是比较好的。

【保持心情愉快】培养承受挫折、适应环境变化的能力，避免不必要的精神创伤。只有调情逸志，才能使气机条达，气行则血行，从而避免闭经的发生。

【避免人流】未婚女性或已婚不计划生育的女性，要采取安全的避孕措施，以防意外妊娠。任何人工流产的方法均可破坏子宫内膜，损伤子宫颈或是子宫内膜的基底膜，导致子宫颈内粘连或子宫壁部分粘连，继而造成闭经。

推荐食谱 肉末菠菜

- **材料** 菠菜150克，猪肉末60克，葱花、蒜末各少许
- **调料** 盐、鸡粉各2克，水淀粉、生抽各4毫升，食用油适量
- **做法**

① 洗净的菠菜切段。

② 锅中注水烧开，倒入菠菜段，煮至断生，捞出。

③ 用油起锅，倒入肉末，翻炒至转色。

④ 倒入蒜末、葱花，炒香，放入菠菜段、红椒粒，炒匀。

⑤ 淋入生抽、清水，放入盐、鸡粉、水淀粉，快速翻炒匀。

⑥ 关火后将炒好的菜肴盛出，装入盘中即可。

🍴 **调理功效**

菠菜含有胡萝卜素、维生素C、矿物质等成分，可行气补血、治疗闭经。

推荐食谱 猪肝瘦肉泥

- **材料** 猪肝45克，猪瘦肉60克
- **调料** 盐少许

- **做法**

① 洗好的猪瘦肉切薄片，剁成肉末，装盘备用。

② 处理干净的猪肝切成薄片，剁碎，装盘待用。

③ 取蒸碗，注入少许清水，倒入切好的猪肝、瘦肉，加入少许盐。

④ 蒸锅注适量清水烧开，放入蒸碗，蒸约15分钟。

⑤ 取出蒸碗，搅拌几下，倒入另一小碗中即可。

🍴 **调理功效**

扫一扫看视频

对于无血可下的闭经患者，可常食本品以补虚养血、增强体质，改善缺铁性贫血。

推荐
食谱 **白果鸡丁**

扫一扫看视频

●材料　鸡胸肉300克，彩椒60克，白果120克，姜片、葱段各少许

●调料　鸡粉2克，水淀粉8毫升，盐、生抽、料酒、食用油各少许

●做法

①洗净的彩椒切小块；鸡胸肉切丁装碗，加盐、鸡粉、水淀粉、食用油，腌渍10分钟。

②开水锅中加盐、食用油、白果、彩椒，煮半分钟。

③热锅注油烧热，倒入鸡肉丁，炸至变色，捞出。

④锅底留油，放入姜片、葱段，爆香，放入白果、彩椒、鸡肉丁、料酒、盐、鸡粉、生抽，炒匀。

⑤淋入适量水淀粉，炒匀，关火后盛出菜肴即可。

🌿 调理功效

白果可益肺化痰、通经利尿，搭配鸡肉，既可补充丰富的营养，又能疏通血脉，改善闭经。

蒜香虾球

- ●材料　基围虾仁180克，西蓝花140克，黑蒜2颗
- ●调料　盐3克，鸡粉、白糖各2克，胡椒粉5克，料酒、水淀粉各5毫升，食用油适量

●做法

① 洗净的西蓝花切小块，洗好的黑蒜切小块。

② 洗好的虾仁去除虾线，装入碗中，加盐、料酒、胡椒粉，腌渍10分钟。

③ 锅中注入适量清水，大火烧开，放入少许盐，淋入适量食用油，倒入备好的西蓝花，汆至断生。

④ 将汆好的西蓝花捞出，沥干水分，整齐摆在盘子四周，备用。

⑤ 另起锅注油，放入备好的黑蒜、虾仁，翻炒均匀。

⑥ 加入少许清水、盐、白糖、鸡粉，翻炒约1分钟至入味。

⑦ 用水淀粉勾芡，翻炒至收汁。

⑧ 关火后盛出炒好的虾仁，放在西蓝花中间即可。

🍃 **调理功效**

虾仁富含优质蛋白质，西蓝花含有多种维生素和矿物质，闭经患者可常食本品以补充足够的营养。

扫一扫看视频

🍂 调理功效

核桃有补血养气、益智健脑、润肠通便等功效，活血通经效果好，搭配银耳、鹌鹑蛋同食，可辅助治疗闭经。

银耳核桃蒸鹌鹑蛋
推荐食谱

● 材料　水发银耳150克，核桃25克，熟鹌鹑蛋10个

● 调料　冰糖20克

● 做法

① 泡发好的银耳去根，切成小朵；核桃用刀背拍碎。

② 备好蒸盘，摆入银耳、核桃碎、鹌鹑蛋、冰糖。

③ 电蒸锅注水烧开，放入食材。

④ 盖上锅盖，调转旋钮定时20分钟。

⑤ 待时间到，掀开盖，将蒸好的食材取出即可。

扫一扫看视频

🍂 调理功效

本品具有较好的滋补作用，闭经患者常食可起到增强免疫力、补血养血的作用。

枸杞木耳乌鸡汤
推荐食谱

● 材料　乌鸡400克，木耳40克，枸杞10克，姜片少许

● 调料　盐3克

● 做法

① 锅中注水烧开，倒入乌鸡，汆去血水，捞出待用。

② 砂锅中注水烧热，倒入乌鸡、木耳、枸杞、姜片，搅拌匀。

③ 盖上盖，大火煮开后转小火煮2小时至食材熟透。

④ 揭盖，加入少许盐，搅拌片刻，关火后盛出煮好的汤料即可。

红枣山药排骨汤

推荐食谱

扫一扫看视频

●材料　山药185克，排骨200克，红枣35克，蒜头30克，水发枸杞15克，姜片、葱花各少许

●调料　盐、鸡粉各2克，料酒6毫升，食用油适量

●做法

①洗净去皮的山药切粗条，改切滚刀块。

②开水锅中倒入排骨，汆去血水，捞出待用。

③用油起锅，爆香姜片、蒜头，放入排骨，炒匀。

④加入料酒、适量清水、山药块、红枣，拌匀。

⑤盖上盖，煮开后转小火炖1个小时；揭盖，倒入枸杞。

⑥炖煮10分钟，加入盐、鸡粉，拌匀调味，盛出装碗，撒上葱花即可。

🌱 调理功效

本品具有健脾胃、补肾养血、增进食欲，对营养不良引起的闭经有较好的食疗功效。

扫一扫看视频

推荐食谱 **当归首乌红枣汤**

● 材料　红枣20克，当归、首乌各15克，去壳熟鸡蛋2个

● 调料　盐、鸡粉各2克

● 做法

① 砂锅中注入适量的清水，大火烧开，倒入洗净的红枣，放入洗好的首乌、当归，搅拌均匀。

② 盖上锅盖，大火煮开后转小火煮1个小时至析出有效成分。

③ 掀开锅盖，倒入熟鸡蛋。

④ 盖上锅盖，续煮半个小时至熟。

⑤ 掀开锅盖，加入盐、鸡粉。

⑥ 搅拌片刻至入味。

⑦ 将煮好的汤盛出装入碗中即可。

🌱 **调理功效**

当归的主要功效是补血活血，还可以补血调经、活血止痛、润燥滑肠，适用于闭经。

推荐食谱 桂圆阿胶红枣粥

- ●材料 水发大米180克，桂圆肉30克，红枣35克，阿胶15克
- ●调料 白糖30克，白酒少许

- ●做法
①砂锅注水烧开，倒入大米，搅拌匀。
②加入红枣、桂圆，用小火煮30分钟至其熟软。
③加入阿胶，倒入白酒，搅拌匀，用小火续煮10分钟。
④加入白糖，煮至溶化。
⑤盛出煮好的粥，装入碗中即可。

调理功效

阿胶含有明胶蛋白及多种氨基酸，有益气固摄、养血滋阴等作用，适用于闭经。

扫一扫看视频

推荐食谱 芝麻桑葚奶

- ●材料 桑葚（干）10克，黑芝麻20克，牛奶300毫升
- ●调料 冰糖20克

- ●做法
①砂锅中注入适量清水烧开，倒入黑芝麻，拌匀。
②盖上盖，用大火煮开后转小火续煮15分钟至熟。
③揭盖，加入备好的桑葚干、冰糖，搅拌至冰糖溶化。
④加入牛奶，拌匀，续煮10分钟，搅拌一下。
⑤关火后盛出煮好的甜汤，装碗即可。

调理功效

桑葚可滋阴补血，适用于阴血亏虚所致的头晕目眩、须发早白、月经不调、闭经等。

扫一扫看视频

月经先期

病症介绍

月经周期提前1～2周者，称为"月经先期"，亦称"经期超前"或"经早"。主要机理是冲任不固，经血失于制约，月经提前而至。本病相当于西医学黄体功能不健和盆腔炎症所致的子宫出血。

饮食要点

【实热证者宜多食新鲜水果和蔬菜】茼蒿、黄瓜、藕、芹菜、苦瓜、茄子、柿子、柚子、梨、绿豆、甲鱼等有清热凉血的作用，实热证者在非经期可以选用。

【体弱者可选用补气、益肾、固下的食物】乌鸡、海参、淡菜、榛子、莲子等，有补气、益肾、固下作用，可避免月经提前，体弱者非经期可以常食。

【少食具有活血作用的食物】月经先期的女性往往伴有月经过多的症状，应少食山楂、桃子、红糖等有活血作用的食物。

【忌食助热的食物】辣椒、韭菜、肉桂、咖啡、胡椒、羊肉、狗肉、鹿肉、酒等动火助热食物，不仅会使月经提前，还会影响月经的量、色、质。

【多食富含膳食纤维的食物】膳食纤维含量丰富的食物包括芹菜、大白菜等，能促进胃肠蠕动，预防便秘，进而可预防月经先期并发症。

生活细节

【避免选用紧急避孕药】紧急避孕药是一种复合性的荷尔蒙，不仅能调节经期，将经期推后，也能提前经期，最终导致月经紊乱。

【避免过度劳累】劳累过度，易损伤脾气，而脾是血的"管理者"，"管理者"一旦处于弱势，气血生化则会受损，因此月经先期患者平时应注意劳逸结合，避免过度劳累。

【避免情绪发生波动】大喜大悲，生活、工作压力大，都会对女性内分泌产生影响，从而导致月经提前。月经先期患者平时应积极调节情志，避免忧思郁怒。

【保持外阴卫生】每天要用洁净的温水洗净外阴，洗时要从前向后洗，不要从后往前洗，以免把肛门附近的细菌带到外阴部，月经期不能盆浴或坐浴，可以洗淋浴或擦浴。保持外阴卫生，不仅在月经期，平时也要养成习惯，如擦洗外阴部的毛巾不能与别人共用，也不能擦澡或擦脚，以免把细菌带入阴部。

蒜炒麻叶

- **材料** 麻叶100克，蒜末10克
- **调料** 盐、鸡粉各2克，食用油适量

- **做法**
① 热锅注油，倒入蒜末，翻炒出香味。
② 放入备好的麻叶，翻炒均匀。
③ 加入少许盐、鸡粉。
④ 翻炒均匀，至食材入味。
⑤ 关火后将炒好的菜肴盛入盘中即可。

调理功效

本品味道清爽，含有丰富的维生素，可起到排毒通便，改善气血运行，预防疾病等作用。

扫一扫看视频

藕汁蒸蛋

- **材料** 鸡蛋120克，莲藕汁200毫升，葱花少许
- **调料** 生抽5毫升，盐、芝麻油各适量

- **做法**
① 取1个大碗，打入鸡蛋，搅散，倒入莲藕汁，搅拌匀。
② 加入少许盐，搅匀调味，再将其倒入蒸碗中。
③ 蒸锅中注水烧开，放入蒸碗，大火蒸12分钟至熟。
④ 取出蒸蛋，淋入少许生抽、芝麻油，撒上葱花即可。

调理功效

鸡蛋具有补血养血、安神、增强免疫力等功效，女性经期常食可起到较好的滋补作用。

扫一扫看视频

肉末蒸干豆角

推荐食谱

- **材料** 肉末、水发干豆角各100克，葱花3克，蒜末、姜末各5克
- **调料** 盐2克，生粉10克，生抽8毫升，料酒5毫升

● 做法

① 泡好的干豆角切碎，装碗待用。

② 往肉末中加入料酒、生抽、盐、蒜末和姜末。

③ 将肉末拌匀，腌渍10分钟至入味，放入生粉拌匀。

④ 将拌好的肉末放入切碎的干豆角中，拌匀。

⑤ 将拌匀的干豆角和肉末放到盘中，稍稍压制成肉饼。

⑥ 取出已烧开水的电蒸锅，放入食材。

⑦ 盖上盖，调好时间旋钮，蒸10分钟，至食材熟透。

⑧ 取出肉末蒸干豆角，撒上葱花即可。

🌾 调理功效

月经先期患者常吃些富含蛋白质的猪瘦肉，可以起到增强免疫力、提升抗病能力的功效。

猴头菇花生木瓜排骨汤 推荐食谱

扫一扫看视频

● 材料　排骨段350克，花生米75克，木瓜300克，水发猴头菇80克，海底椰20克，核桃仁、姜片各少许

● 调料　盐3克

● 做法

① 将洗净的木瓜切开，切小块，去籽，待用。

② 洗净的猴头菇切除根部，再切块。

③ 开水锅中倒入洗净的排骨段，汆去血渍，捞出待用。

④ 砂锅中注水烧热，倒入排骨段、猴头菇、木瓜块、海底椰、核桃仁、花生米、姜片，拌匀。

⑤ 盖上盖，烧开后转小火煮约120分钟。

⑥ 揭盖，加入少许盐，拌匀调味，关火后盛出即可。

🌱 调理功效

本品可健脾养胃、益气养血、增强免疫力，月经失调的女性常饮此汤可起到调养作用。

推荐食谱 枸杞海参汤

扫一扫看视频

●**材料** 海参300克，香菇15克，枸杞
　　　　10克，姜片、葱花各少许

●**调料** 盐、鸡粉各2克，料酒5毫升

●**做法**

①砂锅中注入适量清水烧热，放入海参、香菇、枸杞、姜片。

②淋入少许的料酒，拌匀。

③盖上盖，煮开后转小火煮1小时至熟透。

④揭盖，加入少许盐、鸡粉，拌匀调味；关火后盛出装碗，撒上葱花即可。

调理功效

本品具有较好的滋阴养血、益气补虚、保肝护肾功效，尤其适宜月经先期的女性使用。

 玫瑰红豆豆浆

●材料　玫瑰花5克，水发红豆45克

●做法

①取豆浆机，倒入洗净的红豆、玫瑰花，注入适量清水。

②盖上豆浆机机头，启动豆浆机，开始打浆。

③待豆浆机运转约15分钟，即成豆浆。

④将豆浆机断电，取下机头，把煮好的豆浆倒入滤网中，滤取豆浆。

⑤将滤好的豆浆倒入碗中，用汤匙撇去浮沫即可。

✿ 调理功效

玫瑰花药性温和，月经失调的女性经常食用玫瑰花制成的豆浆或茶饮均有益健康。

扫一扫看视频

益母草鲜藕粥

●材料　益母草5克，莲藕80克，水发大米200克

●调料　蜂蜜少许

●做法

①洗净去皮的莲藕切成块，备用。

②砂锅中注入适量清水，大火烧热，倒入洗净的益母草，煮约20分钟，捞净药材。

③砂锅中倒入洗好的大米，搅拌均匀，煮约40分钟。

④倒入莲藕块，续煮10分钟，淋入少许蜂蜜，拌匀调味。

⑤将煮好的粥盛出，装入碗中即可。

✿ 调理功效

月经经常提前的女性可常喝此粥，帮助改善气血运行、增强免疫力，预防感染的发生。

扫一扫看视频

荐食谱 荷兰豆鸡蛋面

- **材料** 荷兰豆65克，蛋液60克，熟圆面条170克，蒜末少许
- **调料** 盐、鸡粉各1克，生抽5毫升，老抽3毫升，食用油适量

- **做法**

①洗净的荷兰豆切丝。

②热锅注油，倒入蛋液，翻炒至散。

③倒入荷兰豆，炒至断生。

④放入少许蒜末，炒香，加入熟面条，炒匀。

⑤加入生抽、老抽、盐、鸡粉，炒至入味，关火后盛出即可。

调理功效

本品具有补脾养胃、养肺生津、补肾益气等功效，对调理月经经常提前有一定的帮助。

榛子枸杞桂花粥

推荐食谱

扫一扫看视频

●**材料** 水发大米200克，榛子仁20克，枸杞7克，桂花5克

●**做法**

① 砂锅中注入清水烧开，倒入洗净的大米，搅拌均匀，使米粒散开。

② 盖上盖，煮沸后用小火煮约40分钟至大米熟透。

③ 揭盖，倒入备好的榛子仁、枸杞、桂花，拌匀。

④ 盖上盖，用小火续煮15分钟，至米粥浓稠。

⑤ 揭盖，搅拌均匀。

⑥ 关火后将煮好的粥装入碗中即可。

调理功效

本品具有补肾养血、滋阴润燥、增强免疫力等功效，可调理女性月经不规律、失血过多等症。

月经后期

病症介绍

月经周期错后7天以上，连续3个周期以上，甚至3～5个月一行者，称为"月经后期"，亦称"经期错后""经迟"。主要发病机理是精血不足或邪气阻滞，血海不能按时满溢，遂致月经后期。本病相当于西医学的月经稀发。

饮食要点

【合理安排每日三餐】早餐多吃容易消化的食物，且保证营养均衡。午餐及晚餐多吃肉类、蛋、黄豆等高蛋白食物，增补经期所流失的营养素、矿物质。

【多吃高纤维食物】蔬菜、水果、全谷类、全麦面包、糙米、燕麦等食物含有较多纤维，可促成性激素排放，增加血液中镁的含量，有调整月经及营养神经的作用。

【经间期适当补血】多吃绿色蔬菜和含铁量高的食物，铁元素在动物肝脏、血中的含量高，吸收好；新鲜绿色蔬菜中含有丰富的叶酸和维生素C，叶酸参与血红蛋白的生成，而维生素C会促进人体对铁的吸收，可适当补充。

【少吃甜食】含糖高的饮料、蛋糕、红糖、糖果，会迅速升高血糖，为防止血糖异常波动，避免加重月经期间的各种不适，应少食。

【避免食用含咖啡因的食物】咖啡、茶叶等饮料会增设焦虑不安的心思，女性平时可改喝大麦茶、薄荷茶。另外，避免吃太热、太冰或温度变化太大的食物。

生活细节

【保持适度的运动】健康的运动频率是每周两次，每次30分钟，这样的运动量能适度而有效地缓和个人情绪，宣泄压力，运动还可以促进血液循环，让气血旺起来。适合女性非经期的运动很多，例如瑜伽、游泳、慢跑等。

【选择合适的内裤】最好选用柔软、棉质，通风透气性能良好的内裤，且内裤要勤洗勤换，换洗的内裤要放在阳光下晒干。

【规律作息时间】月经后期的女性，要合理安排自己的作息时间，每天保证足够的睡眠时间，避免过度劳累，避免从事较重的体力活。

【保持良好心态，配合治疗】月经后期的女性，不但要积极配合医生治疗，而且还要保持良好心情，避免出现过度紧张的情绪，而不利于疾病的恢复。

推荐食谱 奶油炖菜

● 材料　去皮胡萝卜80克，春笋、西蓝花各100克，口蘑50克，去皮土豆150克，奶油、黄油各5克，面粉35克

● 调料　盐、黑胡椒粉各1克，料酒5毫升

● 做法

① 洗净的口蘑去柄，胡萝卜、春笋、土豆分别切滚刀块，西蓝花切小朵。

② 开水锅中倒入春笋、料酒，煮20分钟，捞出春笋，待用。

③ 另起锅，倒入黄油，拌匀至溶化。

④ 加入面粉，拌匀，注水烧热。

⑤ 倒入春笋、胡萝卜、口蘑、土豆，拌匀，炖约15分钟。

⑥ 放入切好的西蓝花，加入盐、奶油，拌匀。

⑦ 加入备好的黑胡椒粉，拌匀，关火后盛出即可。

调理功效

本品食材多样，且清淡开胃，能为经期女性补充较为全面而丰富的营养，对改善月经失调有益。

扫一扫看视频

推荐食谱 虾仁炒上海青

扫一扫看视频

●**材料** 上海青150克，鲜虾仁40克，
葱段8克，姜末、蒜末各5克

●**调料** 盐2克，鸡粉1克，料酒5毫升，
水淀粉6毫升，食用油适量

●**做法**

①洗净的上海青切成小瓣，修齐根部。

②在洗好的虾仁背部划一刀，装入碗中，放入1克盐、
料酒、3毫升水淀粉，拌匀，腌渍5分钟。

③用油起锅，倒入姜末、蒜末、葱段，爆香。

④放入腌好的虾仁，翻炒数下，倒入切好的上海青，翻
炒2分钟。

⑤加入1克盐、鸡粉、3毫升水淀粉，炒匀后盛出即可。

 调理功效

本品荤素搭配，能为女性经期补充较为均衡的营
养素，有助于缓解多种经期不适症状。

推荐食谱 西葫芦炒腊肠

- ●材料　西葫芦230克，腊肠85克，姜片、葱段各少许
- ●调料　盐、鸡粉各2克，水淀粉4毫升，食用油适量

- ●做法
① 将西葫芦去皮切片，腊肠切成片。
② 用油起锅，倒入姜片、葱段，爆香。
③ 放入腊肠、西葫芦，炒匀。
④ 加入盐、鸡粉，注入少许清水，炒至西葫芦熟软。
⑤ 倒入水淀粉勾芡，将菜肴盛出，装入盘中即可。

🌱 调理功效

腊肠营养丰富，与西葫芦同炒，可起到增强骨髓造血功能，补充营养等功效。

扫一扫看视频

推荐食谱 红枣芋头汤

- ●材料　去皮芋头250克，红枣20克
- ●调料　冰糖20克

- ●做法
① 洗净的芋头切丁，备用。
② 砂锅中注入适量清水，大火烧开，倒入备好的芋头。
③ 放入红枣，用大火煮开后转小火续煮15分钟至食材熟软。
④ 倒入冰糖，搅拌至溶化。
⑤ 关火后盛出煮好的甜品汤，装入碗中即可。

🌱 调理功效

本品具有调气补血、镇静安神、健脾养胃等功效，可改善月经后期及经期不适症状。

扫一扫看视频

板栗桂圆炖猪蹄
推荐食谱

- **材料** 猪蹄块600克，板栗肉70克，桂圆肉20克，核桃仁、葱段、姜片各少许
- **调料** 盐2克，料酒7毫升

- **做法**

①洗好的板栗对半切开，备用。

②锅中注入适量清水，大火烧开，倒入洗净的猪蹄，淋入料酒，拌匀，汆去血水，捞出待用。

③砂锅中注入适量清水烧热，倒入备好的姜片、葱段、核桃仁、猪蹄、板栗、桂圆肉。

④加入料酒，拌匀，用大火煮开后转小火炖1小时至食材熟软。

⑤加入盐，拌匀至食材入味；关火后将炖好的菜肴盛入碗中即可。

调理功效

本品对气血阻滞引起的月经后期有较好的调理作用，常喝还能改善女性经期各种肌肤问题。

扫一扫看视频

推荐食谱 大麦甘草茶

● 材料　熟大麦15克，甘草3克

● 做法

① 将备好的大麦、甘草放入煮茶包，系好，待用。

② 砂锅中注入适量清水，大火烧开，放入茶包。

③ 盖上盖，用中火煮20分钟至析出有效成分。

④ 揭盖，取出茶包。

⑤ 关火，将煮好的茶装入茶杯中即可。

🍵 调理功效

大麦中富含膳食纤维，对调整月经和改善情绪有一定的帮助，泡成茶饮还有助于消化。

扫一扫看视频

推荐食谱 生姜羊肉粥

● 材料　水发大米100克，羊肉70克，姜丝、葱花各少许

● 调料　盐、鸡粉各2克，料酒10毫升

● 做法

① 将切好的羊肉放入热水锅中，淋入料酒，汆去血水，捞出。

② 砂锅中注水烧热，倒入羊肉、姜丝、料酒，煮20分钟。

③ 倒入洗净的大米，拌匀，续煮30分钟至熟。

④ 加盐、鸡粉调味，撒上葱花，略煮片刻，关火后盛出即可。

🍵 调理功效

本品具有开胃消食、滋阴补虚、益气补血等功效，月经经常推后的女性可适当食用。

扫一扫看视频

推荐食谱 西蓝花胡萝卜腊肉饭

扫一扫看视频

●材料　米饭180克，西蓝花160克，胡萝卜、腊肉各70克，洋葱35克

●调料　盐、鸡粉各2克，生抽3毫升

●做法

① 洗净的胡萝卜、洋葱、腊肉切丁，西蓝花切小朵。

② 锅中注水烧开，放入腊肉，氽去多余盐分，捞出。

③ 沸水锅中放入西蓝花，加盐、食用油，焯至转色，捞出，备用。

④ 用油起锅，放入胡萝卜、腊肉，翻炒出香味，放入洋葱，倒入米饭，炒散，放生抽、盐、鸡粉，炒匀调味。

⑤ 将腊味饭盛出装碗，倒扣在盘中，西蓝花围边即可。

🌿 调理功效

胡萝卜具有滋阴润燥、补血养颜、延缓衰老等多种功效，对月经后期具有较好的调理作用。

玫瑰花卷

推荐食谱

- **材料** 面粉250克，酵母粉5克，草莓粉40克
- **调料** 白糖10克

- **做法**

①取1个碗，倒入230克面粉、酵母粉、白糖、适量清水，搅匀。

②倒入面板上，揉搓成面团，装入碗中，用保鲜膜封住碗口，常温下发酵2小时。

③撕去保鲜膜，取出面团，放在备好的面板上。

④撒上备好的草莓粉、余下的面粉，揉匀，搓成长条，分成5个小剂子，擀成薄面皮。

⑤将3片面皮叠起，卷成面卷，用筷子在面卷的中线部位往下压断，成两部分，分别将尾部捏完整，即成两个花卷生坯，摆放在盘中。

⑥将剩下的2片面皮也按照以上步骤制成花卷生坯，装盘待用。

⑦电蒸锅注水烧开，放入花卷生坯，盖上盖，调转旋钮定时15分钟至蒸熟，掀开盖，将花卷取出即可食用。

调理功效

本品具有健脾养胃、养心益肾、除烦止渴等功效，对精血不足引起的月经推后有改善作用。

月经先后不定期

病症介绍

月经周期或前或后1～2周，且连续3个月经周期者，称为"月经先后不定期"，又称"月经愆期""经乱"。主要机理是冲任气血不调，血海蓄溢失常。本病相当于西医学排卵型功能失调性子宫出血病的月经不规则。

饮食要点

【忌生冷，宜温热】 中医认为，血得热则行，得寒则凝。月经期如食生冷，一则伤脾胃碍消化；二则易损伤人体阳气，易生内寒，寒气凝滞，可使气血运行不畅，造成经血过少，甚至痛经。即使在盛夏季节，月经期也不宜吃冰淇淋及其他冷饮，饮食以温热为宜，有利于血运畅通。在冬季还可以适当吃些具有温补作用的食物，如牛肉、鸡肉、桂圆、枸杞等。

【适当食用富含膳食纤维的食物】 便秘也会引起女性月经紊乱，故适量进食富含膳食纤维的食物，如红薯、芹菜、大白菜等食物，有助于防治便秘。

【滋阴养血，酸味当先】 中医认为"经水出诸肾"，因此调经当以益先天之真阴，填精养血为主，从而使精血俱旺。从中药饮食的性味来说，"酸甘化阴"，也就是酸味和甘甜的味道可以滋阴养血，有助于调经。

【戒烟忌酒】 香烟中的某些成分和酒精可以干扰与月经有关的生理过程，引起月经紊乱，出现月经先后不定期，故为使月经规律，应戒烟忌酒。

生活细节

【调整自己的心态】 如果月经先后不定期是受挫折、压力大而造成的，那么必须通过调整好自己的心态来进行防治。已经月经不调，保持良好的心态也是非常必要的。

【性生活需节制】 过于频繁的性生活会造成女性肾气损伤，从而伤及肾精，肾阴不足、虚火上炎，也会导致月经不调。所以，要养成良好的性生活习惯，每周最多1～2次，经期需禁止性生活。

【改善不良的生活习惯、环境因素】 改掉熬夜、长时间上网等不良生活习惯，避免居住环境嘈杂，以免影响到性腺轴而引起月经紊乱。

【发生月经先后不定期需及时治疗】 月经先后不定期若不及时治疗，或治疗不当出现经量增多如崩，或经期延长，淋漓不净，即发展为崩漏。

咸蛋黄茄子

推荐食谱

- **材料** 熟咸蛋黄5个，茄子250克，红椒10克，罗勒叶少许
- **调料** 盐2克，鸡粉3克，食用油适量
- **做法**

①洗净的茄子切滚刀块，红椒切丁，咸蛋黄剁成泥。

②热锅注油烧热，倒入茄子，炸至微黄，捞出，沥干油。

③用油起锅，倒入熟咸蛋黄、盐、鸡粉，炒至入味。

④放入切好的红椒、茄子，翻炒约1分钟至熟。

⑤关火后将炒好的茄子盛出，用红椒、罗勒叶装饰即可。

🌱 **调理功效**

茄子中富含糖类和膳食纤维，经期适当食用可起到增加营养，缓解便秘的功效。

扫一扫看视频

五香鸡翅

推荐食谱

- **材料** 鸡翅220克，蒸肉米粉90克
- **调料** 盐、鸡粉各2克，料酒4毫升，生抽2毫升，食用油适量

- **做法**

①处理好的鸡翅切上几道一字刀，装碗备用。

②加入盐、鸡粉、料酒、生抽、食用油，腌渍10分钟。

③倒入蒸肉米粉，拌匀后摆入蒸盘中。

④电蒸笼烧开，放入鸡翅，蒸14分钟，取出即可。

🌱 **调理功效**

鸡翅中富含优质蛋白质，具有健脾开胃、补中益气、增强免疫力等功效，经期可常食。

扫一扫看视频

推荐食谱 烤生蚝

- **材料** 净生蚝400克，蒜末、葱花各少许
- **调料** 盐2克，鸡粉、白胡椒粉各少许，食用油适量

● 做法

① 用油起锅，撒上蒜末，爆香，倒入葱花，炒匀。

② 加入盐、鸡粉、白胡椒粉，炒香，盛出，装入碟中，制成味汁。

③ 把备好的生蚝装入烤盘，推入预热的烤箱中。

④ 关好箱门，调好温度，烤约15分钟，至食材断生。

⑤ 打开箱门，取出烤盘，往生蚝中浇入调好的味汁。

⑥ 再次推入烤箱中，关好箱门，烤约10分钟，至食材入味。

⑦ 断电后打开箱门，取出烤盘，摆好盘即可。

扫一扫看视频

🌾 **调理功效**

生蚝中含有维生素B$_{12}$，对改善和促进人体的造血功能有一定的益处，月经不规律者可适当食用。

焗烤口蘑鹌鹑蛋

推荐食谱

●材料　口蘑、口蘑碎各70克，鹌鹑蛋100克，奶酪碎45克，蒜末少许

●调料　盐、鸡粉各1克，黄油15克

●做法

①往洗净并去蒂挖空的口蘑中打入鹌鹑蛋。

②锅置火上，放入黄油、蒜末，炒香。

③倒入口蘑碎，加盐、鸡粉，炒匀调味。

④关火后将炒好的馅料填入口蘑中，放上奶酪碎。

⑤将口蘑放入烤箱，上火调至150℃，选择"双管发热"功能，下火调至150℃，烤15分钟至熟。

⑥取出烤好的口蘑，装入盘中即可。

🌱 调理功效

鹌鹑蛋富含不饱和脂肪酸、硒和镁，对气血不足、倦怠乏力、食欲不振、贫血均有改善作用。

 韭菜鸭血汤

- **材料** 鸭血300克，韭菜150克，姜片少许
- **调料** 盐、鸡粉各2克，芝麻油3毫升，胡椒粉少许

做法

①洗净的鸭血切片，洗好的韭菜切段，备用。

②锅中注入适量清水，大火烧开，倒入鸭血，略煮，捞出。

③锅中注水烧开，倒入姜片、鸭血，加盐、鸡粉，搅匀调味。

④放入韭菜段，淋入芝麻油、胡椒粉，搅匀调味。

⑤关火后将煮好的汤料盛出，装入碗中即可。

扫一扫看视频

调理功效

女性月经不规律时常食韭菜鸭血汤，可起到健脾开胃、养肝排毒、补血养血等作用。

杜仲枸杞骨头汤

- **材料** 杜仲、枸杞、核桃仁、黑豆、红枣各适量，筒骨200克
- **调料** 盐适量

做法

①将黑豆放入装有清水的碗中，泡发1小时。

②将枸杞、杜仲、红枣分别倒入装有清水的碗中，泡发10分钟。

③砂锅注水烧开，倒入筒骨，煮片刻，捞出。

④砂锅中注入适量清水，倒入筒骨、红枣、杜仲、黑豆、核桃，搅匀，盖上盖，开大火烧开转小火煮100分钟。

⑤揭盖，倒入枸杞，小火续煮20分钟；加入适量盐，搅匀调味。

⑥盛出煮好的汤料，装入碗中即可。

调理功效

本品具有较好的温补作用，月经先后不定期患者食用可起到调理气血、温补身体的作用。

山药乌鸡粥

● 材料　水发大米145克，乌鸡块200克，山药65克，姜片、葱花各少许

● 调料　盐、鸡粉各2克，料酒4毫升

● 做法

① 将去皮洗净的山药切滚刀块。

② 锅中注入适量清水，大火烧开，倒入洗净的乌鸡块，淋入料酒，汆约1分钟，捞出待用。

③ 砂锅中注水烧热，倒入乌鸡块、大米、姜片，搅拌均匀。

④ 盖上盖，烧开后用小火煮约25分钟，至米粒熟软。

⑤ 揭盖，倒入切好的山药，拌匀，续煮20分钟。

⑥ 加盐、鸡粉，拌匀调味，盛出装碗，撒上葱花即可。

调理功效

乌鸡中富含蛋白质和铁质，搭配山药和大米煮粥，可起到健脾养胃、滋阴养血、强身健体等功效。

扫一扫看视频

推荐食谱 黄油西蓝花蛋炒饭

扫一扫看视频

●**材料** 米饭170克，黄油30克，蛋液
60克，西蓝花80克，葱花少许

●**调料** 盐、鸡粉各2克，生抽2毫升，
食用油适量

●**做法**

①洗净的西蓝花切成小朵，待用。

②开水锅中倒入食用油、西蓝花，氽至断生，捞出。

③热锅中倒入黄油，烧至融化，倒入蛋液，翻炒松散。

④倒入备好的米饭，快速翻炒片刻，加入生抽，快速翻
炒上色。

⑤倒入西蓝花，加入盐、鸡粉，翻炒入味。

⑥倒入葱花，翻炒出葱香味；关火后盛出即可。

调理功效

本品清淡易消化，且具有健脾开胃、补虚强身、
增强免疫力等功效，适宜女性经期食用。

桂圆红枣奶茶
<推荐食谱>

- ●材料　桂圆肉30克，红枣25克，牛奶100毫升
- ●调料　红糖25克

- ●做法
- ①砂锅中注入适量清水，大火烧开，倒入洗好的桂圆肉、红枣。
- ②盖上盖，用小火煮约20分钟，至食材熟透。
- ③揭盖，倒入适量牛奶，煮至沸。
- ④放入红糖，搅拌均匀。
- ⑤盛出煮好的奶茶，装入碗中即可。

调理功效

桂圆和红枣均是调理气血的优质食材，搭配牛奶食用，可缓解各种月经失调症状。

扫一扫看视频

玫瑰益母草调经茶
<推荐食谱>

- ●材料　玫瑰花3克，益母草7克

- ●做法
- ①砂锅中注水烧开，倒入益母草。
- ②盖上盖，用中火煮约10分钟至其析出有效成分。
- ③揭盖，用小火保温。
- ④取1个茶杯，倒入洗净的玫瑰花。
- ⑤将砂锅中的药汁滤入杯中，泡约1分钟至香气散出，趁热饮用即可。

调理功效

此道茶饮对月经周期不规律、月经量异常、痛经等月经失调症状均有较好的调理功效。

扫一扫看视频

经期延长

病症介绍

　　月经周期正常，经期超过了7天以上，甚或2周方净者，称为"经期延长"，又称"经事延长"。发病机理主要是冲任不固，经血失于制约而致。本病相当于西医学排卵型功能失调性子宫出血病的黄体萎缩不全、盆腔炎症、子宫内膜炎等引起的经期延长。

饮食要点

　　【饮食多样】食物应多品种多变化，搭配合理，多吃蔬菜、水果，少吃油腻与刺激性食品，烹调用油以植物油为主，动物油为辅，以获取更多不饱和脂肪酸。

　　【保证饮水量】注意保持大便、小便、汗腺的通畅，让机体产生的一切废物、毒素有通畅的排泄通道，所以，一定要注意及时补充饮水，重视便秘等症状的防治，该出汗时就需要出汗。

　　【避免寒凉性的食物】中医认为女性在月经期间更应避免进食寒性食物，以免影响行经。寒性食物有螃蟹、海螺、蚌肉、黄瓜、莴苣、西瓜、冰镇冷饮等。

　　【不宜喝浓茶、咖啡等含有咖啡因的饮品】因为浓茶等含有咖啡因的饮品会导致血管收缩，有可能会引发痛经，或因出血量减少而使经期延长等问题。

生活细节

　　【寒热要适度】注意随着天气变化加减衣服、被褥，避免过冷过热引起机体内分泌紊乱而致经期延长，出血增多。

　　【保持乐观的心态】女性平时应努力提高自我控制情绪的能力，多以平和、乐观的心态为人处世。出现压力过大、紧张、焦虑等不良情绪时，可选择阅读一本好书，或听轻音乐，或参与户外活动，或向家人朋友倾诉等，及时排遣不良情绪。

　　【适当活动】女性经期要注意合理安排作息时间，避免剧烈运动与体力劳动，做到劳逸结合，经期繁劳过力，可导致经期延长或月经过多。

　　【注意卫生】女性日常要注意外生殖器的清洁卫生，经期特别要注意及时清洁阴部，防止感染。选择柔软、棉质、通风透气性能良好的内裤，并勤洗勤换，换洗的内裤要放在阳光下晒干。在月经期间不要同房，因为经血会稀释阴道内的弱酸环境，此时同房容易导致妇科感染，如阴道炎、宫颈炎等。

推荐食谱 豆油清炒肉片

- ●材料　猪里脊肉200克，青椒35克，红椒40克，姜片、蒜末各少许
- ●调料　大豆油适量，盐、鸡粉、白糖各2克，水淀粉7毫升，料酒5毫升

●做法

①将青红椒切块；里脊肉去筋膜，切片。

②把肉片装碗，放入盐、料酒、胡椒粉、水淀粉、大豆油，拌匀，腌渍10分钟。

③分别用大豆油，将肉片、青红椒滑油片刻，待用。

④将锅置火上烧热，加大豆油，放入姜片、蒜末，爆香，倒入肉片、青椒、红椒，淋入料酒，加清水。

⑤放入盐、鸡粉、白糖、水淀粉，炒匀；将炒好的菜肴盛出装盘即可。

调理功效

大豆油中含有大量人体必需的脂肪酸 —— 亚油酸，亚油酸可帮助经期女性调节血脂，预防因血流异常引起的经期延长。

推荐食谱 虾酱蒸鸡翅

- ●材料　鸡翅120克，姜末、葱花各少许
- ●调料　盐、老抽各少许，生抽3毫升，虾酱、生粉各适量

●做法

①在洗净的鸡翅上打上花刀，放入碗中，待用。

②淋入生抽、老抽，撒上姜末，倒入虾酱、盐、生粉，腌至入味。

③取1个干净的盘子，摆放上腌渍好的鸡翅，待用。

④蒸锅上火烧开，放入装有鸡翅的盘子，盖上盖，用中火蒸熟。

⑤揭开盖子，取出蒸好的鸡翅，撒上葱花即成。

调理功效

扫一扫看视频

鸡翅含有较多的胶原蛋白，可温中益气、强腰健胃、改善气虚所致的经期延长。

推荐食谱

番茄胡萝卜炖牛腩

●材料　牛腩块300克，西红柿250克，胡萝卜70克，洋葱50克，姜片少许

●调料　盐3克，鸡粉、白糖各2克，生抽4毫升，料酒5毫升，食用油适量

●做法

①洗净去皮的胡萝卜切滚刀块，洋葱、西红柿切块。

②锅中注清水烧开，放入牛腩块，去除血渍后捞出。

③用油起锅，爆香姜片，倒入洋葱、胡萝卜，炒匀。

④放入氽过水的牛腩块，炒匀，淋入料酒，炒匀，放入生抽，倒入西红柿丁，炒匀炒透，注入清水，加入盐。

⑤盖上盖，烧开后转小火煮至熟透；揭盖，转大火收汁，放入鸡粉、白糖，拌匀，至汤汁收浓，盛出即可。

🌱 调理功效

西红柿口感独特，能促进人体对蛋白质的消化和吸收，为经期延长及时补充营养。

推荐食谱 桑葚枸杞蒸蛋羹

●材料　鸡蛋3个，桑葚子15克，枸杞8克，肉末40克，核桃20克

●调料　盐2克

●做法

①锅中注水烧热，倒入桑葚子，煮15分钟，滤出药汁。

②鸡蛋倒入碗中，搅匀；用菜刀将核桃压碎，备用。

③将肉末、核桃碎、枸杞、盐、药汁倒入蛋液中，拌匀，用保鲜膜封口。

④电蒸锅注水烧开，放入蛋羹，调转旋钮定时15分钟。

⑤将蒸好的蛋羹取出，把保鲜膜去除，即可食用。

调理功效

补肾益气的桑葚，养肝益血的枸杞，搭配营养丰富的鸡蛋同食，其所含营养能有效改善女性经期气虚状况，防治经期延长。

推荐食谱 蒸鱼糕

●材料　草鱼肉200克，肥肉25克，鸡蛋1个，葱花、姜末各5克

●调料　料酒3毫升，盐2克，干淀粉10克

●做法

①处理好的草鱼肉剁成鱼蓉；洗净的肥肉剁成蓉。

②将鱼蓉倒入碗中，打入蛋清，倒入肥肉蓉，拌匀。

③加入料酒、盐、姜、葱花，拌匀，放入干淀粉，拌至上劲。

④将鱼肉倒入装盘，电蒸锅注水烧开上气，放入鱼蓉，定时20分钟。

⑤待蒸好后将鱼糕取出即可。

调理功效

鱼和肉是适合女性经期食用的佳品，用来蒸成鱼糕，有利于消化吸收，补充优质蛋白质，调节经期时长。

推荐食谱 枸杞杜仲排骨汤

- **材料** 杜仲、黄芪、枸杞、红枣、党参、木耳各适量，冬瓜块100克，排骨块200克
- **调料** 盐2克
- **做法**

① 将杜仲、黄芪装入隔渣袋，装碗，放入红枣、党参，清水泡发10分钟。

② 将枸杞装碗，清水泡发10分钟，木耳用清水泡发30分钟。

③ 取出枸杞、隔渣袋、红枣、党参、木耳，沥干水分，装入盘中备用。

④ 锅中注水烧开，放入排骨块，汆好后捞入砂锅，加水、泡好的食材。

⑤ 大火煮开转小火煮100分钟至有效成分析出，加入盐，调匀盛出即可。

🌿 调理功效

枸杞杜仲排骨汤是一款益气补肾、强筋健骨的美味汤方，经期延长患者常食能提高肾功能，调节月经周期。

推荐食谱 木耳鸡蛋炒饭

- **材料** 米饭200克，水发木耳120克，火腿肠75克，鸡蛋液45克，葱花少许
- **调料** 盐、鸡粉各2克，食用油适量
- **做法**

① 洗好的木耳切碎；火腿肠去除包装，切丁。

② 热锅注油烧热，倒入鸡蛋液，炒至松散，盛出。

③ 锅底留油烧热，倒入木耳、火腿肠、米饭，炒松散。

④ 倒入鸡蛋，加盐、鸡粉，翻炒调味。

⑤ 撒上葱花，翻炒出葱香味，盛出装入盘中即可。

扫一扫看视频

🌿 调理功效

木耳和鸡蛋同食，可及时为女性身体补充经期延长所消耗的营养和精气。

芸豆赤小豆鲜藕汤

●**材料** 藕300克，水发赤小豆、芸豆各200克，姜片少许

●**调料** 盐少许

●**做法**

① 洗净去皮的莲藕切成块，待用。

② 砂锅注入适量的清水，大火烧热。

③ 倒入莲藕、芸豆、赤小豆、姜片，搅拌片刻。

④ 盖上锅盖，煮开后转小火煮2个小时至熟软。

⑤ 掀开锅盖，加入少许盐，搅拌片刻。

⑥ 将煮好的汤盛出装入碗中即可。

🌱 **调理功效**

此汤品能促进机体废物和毒素的排出，有利于行经的顺畅，减少经期延长的天数。

扫一扫看视频

推荐食谱 薏米枸杞红枣茶

●**材料** 水发薏米100克，枸杞25克，
红枣35克

●**调料** 红糖30克

●**做法**

①蒸汽萃取壶接通电源，安好内胆。

②倒入备好的薏米、红枣、枸杞。

③注入适量清水至水位线。

④扣紧壶盖，按下"开关"键。

⑤选择"养生茶"图标，机器进入工作状态。

⑥待机器自行运作35分钟，指示灯跳至"保温"状态。

⑦断电后取出内胆，将药茶倒入杯中。

⑧饮用前放入适量红糖即可。

扫一扫看视频

🌾 调理功效

枸杞养心明目，红枣补中益气、养血安神，两者同食，能改善气郁血滞，增强经期女性的免疫力。

玫瑰花桂圆生姜茶

推荐食谱

扫一扫看视频

● 材料　玫瑰花3克，桂圆肉20克，红枣25克，枸杞8克，姜片10克

● 调料　白糖20克

● 做法

① 砂锅中注入适量清水烧开。

② 放入备好的材料。

③ 盖上盖，用小火煮约20分钟至食材熟透。

④ 揭盖，放入适量白糖。

⑤ 搅拌均匀，煮至溶化。

⑥ 关火后盛出煮好的姜茶即可。

调理功效

桂圆含有B族维生素、维生素C等营养成分，有利于预防气虚所致的经期延长。

月经过多

病症介绍

月经周期正常，经量明显多于既往者，称为"月经过多"，亦称"经水过多"。主要病机是冲任不固，经血失于制约而致血量多。本病相当于西医学排卵型功能失调性子宫出血病引起的月经过多或子宫肌瘤、盆腔炎症、子宫内膜异位症等疾病引起的月经过多。

饮食要点

【饮食宜清淡】月经期常可使人感到非常疲劳，消化功能减弱，食欲欠佳。为保持营养的需要，食物应以新鲜为宜，在食物制作上应以清淡易消化为主。

【经间期需补血】有大失血情形的女性，经间期时应多摄取菠菜、蜜枣、红苋菜、葡萄干等食物来补血。

【经期忌暴饮暴食，避免摄入刺激性食物】避免暴饮暴食，以免损伤脾胃，影响营养素的吸收；忌寒凉、刺激性食品及调味品，如冷饮、辣椒、酒等，因为刺激性强的食品，会增加月经量。

【忌饮浓茶和咖啡】女性月经期间特殊的生理因素决定了忌饮浓茶和咖啡。因为浓茶和咖啡中咖啡因含量较高，刺激神经和心血管，使人兴奋，基础代谢加快，容易产生经期延长和经血过多。同时，浓茶中的鞣酸在肠道中与食物中的铁强合，发生沉淀，使铁的吸收受到阻碍，引起缺铁性贫血。

生活细节

【适当控制运动量】月经期要注意休息，保证充足的睡眠，以增强机体抵抗力。避免剧烈的体育运动和重体力劳动，以免月经量增多。女同学若遇到月经期上体育课，可以向老师说明情况，参加一些轻松的运动，如体操、散步、打乒乓球等。

【合理避孕】意外怀孕的女性如果没有到正规的医院进行人流手术的，或者是自己进行药物流产的，可能患上子宫内膜异位，从而表现出月经量多的症状。所以，为避免不必要的麻烦，合理避孕是关键。

【积极治疗原发病】生殖器官局部的炎症、肿瘤及发育异常、营养不良；颅内疾患；其他内分泌功能失调，如甲状腺、肾上腺皮质功能异常、糖尿病、席汉氏病等；肝脏疾患；血液疾患等均可能引起月经过多，应积极治疗原发病。

月经过多调养食谱

推荐食谱 西红柿炒包菜

- ●材料 西红柿120克，包菜200克，圆椒60克，蒜末、葱段各少许
- ●调料 番茄酱10克，盐4克，鸡粉、白糖各2克，水淀粉4毫升，食用油适量
- ●做法

①洗好的圆椒切块，西红柿切瓣，包菜切块。

②锅中注水烧开，倒入食用油、盐、包菜，煮至断生，捞出。

③用油起锅，爆香蒜末、葱段，放入西红柿、圆椒、包菜，炒匀。

④放入番茄酱、盐、鸡粉、白糖，用水淀粉收汁，盛出即可。

🍳 调理功效

西红柿可以补血，包菜富含膳食纤维，可维持经期女性的正常营养需求。

扫一扫看视频

推荐食谱 清炒上海青

- ●材料 上海青240克
- ●调料 盐、鸡粉各2克，食用油适量
- ●做法

①洗净的上海青对半切开。

②切好的上海青装入微波炉专用容器中，盖上盖，不扣紧。

③将上海青放入微波炉，加热2分钟至八成熟。

④取出加热好的上海青，揭开盖子，加入盐、鸡粉、食用油，拌匀。

⑤盖上容器盖，不扣紧，放入微波炉，加热1分钟至入味。

⑥取出熟透入味的上海青，摆盘即可。

🍳 调理功效

上海青富含纤维素，不仅可以保持血管弹性，还可以将有毒物质排出体外；其还能提供人体所需矿物质、维生素，是女性经期可常食的蔬菜。

推荐食谱 番茄鸡翅

- ●材料　鸡翅400克，姜片、葱花各少许
- ●调料　盐2克，白糖6克，生抽2毫升，料酒3毫升，番茄酱20克，食用油少许

●做法

① 洗净的鸡翅两面都切上一字花刀。

② 把处理好的鸡翅装入盘中，撒上姜片，加入少许盐。

③ 淋入生抽、料酒，腌渍约15分钟。

④ 锅中注入适量食用油，烧至六成热。

⑤ 放入腌好的鸡翅，拌匀，用小火炸约3分钟至其呈金黄色。

⑥ 捞出炸好的鸡翅，沥干油，待用。

⑦ 锅留底油，倒入备好的番茄酱、白糖，搅拌匀。

⑧ 放入鸡翅，炒至入味，关火后夹出鸡翅，摆放在盘中，撒上葱花即可。

调理功效

鸡翅可温中补脾、补气养血、促进骨骼发育，月经过多适合多吃补血食材。

虾仁蘑菇蒸蛋羹 推荐食谱

扫一扫看视频

●材料　鸡蛋120克，去壳虾仁30克，
　　　　口蘑60克，肉松8克，葱花2克

●调料　盐2克

●做法

①洗净的口蘑切片；鸡蛋打入碗中，打散。

②加入盐拌匀，注入80毫升清水，拌匀，放入口蘑。

③将食材倒入杯中，摆放上虾仁，盖上保鲜膜待用。

④电蒸锅注水烧开，将杯子放入其中。

⑤加盖，蒸10分钟。

⑥揭盖，将杯子拿出，揭开保鲜膜。

⑦撒上备好的肉松、葱花即可。

🌱 调理功效

口蘑有预防贫血的功效，虾仁营养丰富、易消化
吸收，此两者都是月经过多者的补益佳品。

推荐食谱 九肚鱼鸡蛋汤

扫一扫看视频

●材料　去头九肚鱼75克，鸡蛋1个，
　　　　姜片、葱花各少许
●调料　盐、鸡粉各1克，胡椒粉2克，
　　　　料酒5毫升，食用油适量

●做法

①处理干净的九肚鱼切成段。

②用油起锅，打入鸡蛋，煎约30秒至底部微焦。

③翻面，续煎约20秒至九成熟，装盘待用。

④用油另起锅，放入姜片，爆香。

⑤放入九肚鱼，稍煎片刻，加入料酒、清水。

⑥放入煎好的鸡蛋，加入盐、鸡粉、胡椒粉。

⑦关火后盛出煮好的汤，撒入葱花即可。

 调理功效

九肚鱼口感极为嫩滑，入口即化，味道鲜美，有助开胃，搭配鸡蛋很适合月经过多的女性食用。

猪肝杂菜面

推荐食谱

●材料　乌冬面250克，猪肝片100克，韭菜10克，冬菜少许，高汤400毫升

●调料　盐、鸡粉各2克，生抽4毫升

●做法

①洗净的韭菜切段；锅中注水烧开，放入猪肝片，汆去血水，捞出。

②锅中注水烧开，放入乌冬面，煮约5分钟，至面条熟透。

③关火后盛出煮好的面条，沥干水分，装入碗中，待用。

④炒锅置火上，倒入高汤、冬菜，加盐、鸡粉、生抽，拌匀调味。

⑤倒入猪肝片，略煮，放入韭菜段，煮至断生，盛出汤料，浇在面条上即成。

 调理功效

扫一扫看视频

猪肝有补血、排毒的功效，月经过多的女性，经间期时应多摄取。

桂圆花生黑米糊

推荐食谱

●材料　水发大米120克，水发花生米90克，水发黑米80克，桂圆肉25克

●调料　白糖20克

●做法

①取榨汁机，选择搅拌刀座组合，把大米、花生、黑米倒入搅拌杯中。

②加水搅成浆汁，倒入碗中，待用。

③砂锅注水，放入桂圆肉，烧开后用小火煮约10分钟，至桂圆熟软。

④加入白糖、米浆，烧开后用小火煮约8分钟，至米糊黏稠。

⑤关火后盛出煮好的桂圆花生黑米糊，装入碗中即可。

调理功效

扫一扫看视频

花生富含钙和铁，能补充人体所需的矿物质，有促进骨骼强健、补铁补血等功效。

推荐食谱 葡萄干苹果粥

● 材料　去皮苹果200克，水发大米400克，葡萄干30克
● 调料　冰糖20克

● 做法
①洗净的苹果去核，切成丁。
②砂锅中注入适量清水，大火烧开，倒入备好的大米，拌匀。
③加盖，大火煮20分钟至熟。
④揭盖，放入葡萄干、苹果，拌匀。
⑤加盖，续煮2分钟至食材熟透。
⑥揭盖，加入冰糖，搅拌至冰糖溶化。
⑦关火后将煮好的葡萄干苹果粥盛出，装入碗中即可。

扫一扫看视频

🌱 调理功效

葡萄干是补血的干果，与苹果煮粥，清淡易消化，月经过多的女性在经期食用可滋补身心。

桑葚黑豆红枣糖水

- **材料** 桑葚90克，水发黑豆120克，红枣20克
- **调料** 红糖35克

- **做法**

①砂锅中注入适量清水，倒入桑葚、黑豆、红枣，拌匀。

②加盖，大火煮开后转小火煮约30分钟至熟透。

③揭盖，加入红糖。

④拌匀，煮约2分钟至红糖完全溶化。

⑤关火后盛出煮好的糖水，装入杯中即可饮用。

调理功效

桑葚含有活性蛋白，加红糖煮制，月经过多时可以补充身体所需的元气。

扫一扫看视频

玫瑰花茶

- **材料** 玫瑰花8克，茉莉花5克

- **做法**

①取1碗清水，倒入玫瑰花和茉莉花，清洗干净。

②捞出洗好的材料，沥干待用。

③另取1个干净的玻璃杯，倒入洗好的材料。

④注入适量开水，至八九分满。

⑤泡约2分钟，至散出茶香，趁热饮用即可。

调理功效

玫瑰花含有挥发油、维生素C、脂肪油、钙、磷、钾、铁、镁等成分，有补血、益肺之效，对月经过多的女性有补益作用。

月经过少

病症介绍

月经周期正常，经量明显少于既往，经期不足2天，甚或点滴即净者，称"月经过少"，亦称"经量过少"。主要机理为精亏血少，冲任气血不足，或寒凝瘀阻，冲任气血不畅，血海满溢不多而致。本病相当于西医学性腺功能低下、子宫内膜结核、炎症或刮宫过深等引起的月经过少。

饮食要点

【补铁】铁是人体必需的元素之一，它不仅参与血经蛋白及多种重要酶的合成，而且在人体免疫、智力、衰老、能量代谢等方面都发挥着重要作用。因此，月经期及经间期进补含铁丰富的鱼、动物肝脏、动物血等食物非常重要。

【适当进食富含动物性雌激素的食物】促进女性排卵、强健卵巢功能是治疗月经过少的主要环节，女性平时可多进食富含雌激素的食物，如牛奶、鱼、虾等，这些食物富含动物性雌激素，能弥补人体雌激素分泌的不足，从而减少对女性身体造成的不良影响，防止卵巢早衰，调节月经。

【忌生冷、寒凉的食物】中医学认为，血得热则行，得寒则滞。经期进食生冷、寒凉的食物，既不易消化，也会致使经血运行不畅，加重月经过少的症状。

【忌食易助长痰湿的食物】体内痰湿过重，则会使气血运行不畅，导致月经量减少，尤见于体型肥胖的女性。因此，月经过少者应忌食肥肉、油炸食品等易助痰生湿的食物。

生活细节

【注意保暖】月经期间盆腔充血，如果突然受冷会使血管收缩，引起经血减少，甚至痛经或闭经。因此，女性经期要注意保暖，尤其要保护下身；不要坐在阴冷潮湿的地方，不要淋雨涉水；不用冷水洗脚、洗澡，更不要游泳。

【减肥有度】出于各种原因，许多女性对自己身材的要求达到了苛刻的地步，而女性月经与体重和体内脂肪含量关系极大，特别是已经出现经期问题的女性应停止减肥，加强营养，恢复健康。

【瑜伽保养】在月经来潮前三天，女性朋友可选择冥想型瑜伽，配以舒缓的伸展运动，可以疏通女性器官的气血循环，调整激素的分泌。

月经过少养食谱

菜菜炒鸡蛋

●材料　菠菜65克，鸡蛋2个，彩椒10克

●调料　盐、鸡粉各2克，食用油适量

●做法

①洗净的彩椒去籽，切丁；洗好的菠菜切粒。

②鸡蛋打入碗中，加入盐、鸡粉，制成蛋液。

③用油起锅，倒入蛋液，加入彩椒，翻炒匀。

④倒入菠菜粒，炒至食材熟软。

⑤盛出炒好的菜肴，装入盘中即可。

 调理功效

菠菜中的铁质，可参与血红蛋白及多种重要酶的合成，为女性补充经期的气血。

扫一扫看视频

红薯烧口蘑

●材料　红薯160克，口蘑60克，葱花少许

●调料　盐、鸡粉、白糖各2克，料酒5毫升，水淀粉、食用油各适量

●做法

①去皮洗净的红薯切成块，洗好的口蘑切块。

②锅中注入适量清水烧开，倒入口蘑，淋入料酒。

③拌匀，略煮，捞出口蘑，沥干水分，待用。

④用油起锅，倒入红薯、口蘑，注入清水，拌匀。

⑤加盐、鸡粉、白糖，倒入水淀粉，炒匀，盛出即可。

调理功效

口蘑和红薯均易消化吸收，在增强免疫力、抗衰老、经血调理等方面都发挥重要作用。

扫一扫看视频

推荐食谱 腐皮菠菜卷

- **材料** 水发豆皮60克，菠菜70克，胡萝卜50克，水发木耳40克，姜片、蒜末、葱段各少许

- **调料** 盐、鸡粉各3克，料酒2毫升，生抽3毫升，芝麻油、水淀粉、食用油各适量

- **做法**

① 洗净的菠菜切碎末，木耳切丝，胡萝卜切丝。

② 锅中注水烧开，加食用油、盐、鸡粉，倒入木耳、胡萝卜，焯至断生。

③ 放入菠菜，煮至断生，捞出焯好的食材，沥干水分，待用。

④ 用油起锅，爆香姜片、蒜末、葱段，放入焯过水的材料，拌炒均匀。

⑤ 加生抽、料酒、盐、鸡粉，倒入水淀粉、芝麻油，拌炒均匀。

⑥ 关火后盛出炒好的材料，制成馅料，待用。

⑦ 取豆皮，放入馅料，包成卷，用水淀粉封口。

⑧ 把做好的菠菜卷放入蒸盘，在蒸锅中蒸熟，浇上少许热油即可。

调理功效

豆皮富含蛋白质、钙质，能增强女性免疫力，强健卵巢功能，减少各种经期不适。

扫一扫看视频

红腰豆鲫鱼汤

扫一扫看视频

●材料　鲫鱼300克，熟红腰豆150克，
　　　　姜片少许

●调料　盐2克，料酒、食用油各适量

●做法

①用油起锅，放入处理好的鲫鱼。

②注入适量清水。

③倒入姜片、红腰豆，淋入料酒。

④加盖，大火煮17分钟至食材熟透。

⑤揭盖，加入盐，稍煮片刻至入味。

⑥关火，将煮好的鲫鱼汤盛入碗中即可。

🌿 调理功效

月经量少的人食用鲫鱼和红腰豆，易于消化吸收，改善宫寒。

推荐食谱 养肝健脾神仙汤

- ●材料　灵芝、怀山药、枸杞、小香菇、麦冬、红枣各适量，乌鸡块200克
- ●调料　盐2克

- ●做法
  ① 将香菇装碗，清水泡发30分钟，枸杞和灵芝、麦冬、红枣清水泡发5分钟，捞出待用。
  ② 砂锅注水烧开，放入乌鸡块，汆后捞入砂锅，放入水、香菇、灵芝、怀山药、麦冬、红枣。
  ③ 大火煮开后转小火煮100分钟至析出有效成分，倒入枸杞，续煮20分钟，加盐，稍稍搅至入味。
  ④ 关火后盛出煮好的汤，装入碗中即可。

🌿 调理功效

本品可健脾化痰、益气补虚、养血安神，是月经过少女性调理体质的佳品。

推荐食谱 冬瓜黑豆饮

- ●材料　水发黑豆80克，冬瓜150克
- ●调料　麦芽糖30克

●做法

①洗净的冬瓜去皮切块，将泡发好的黑豆倒入榨汁机。

②倒入凉开水，盖上盖，调转旋钮至1档，榨取黑豆汁，滤入碗中。

③锅中注水烧开，倒入黑豆汁、麦芽糖，煮开，装碗待用。

④把冬瓜块、黑豆汁倒入榨汁机，榨取汁水。

⑤将榨好的饮品倒入杯中即可。

调理功效

黑豆含有蛋白质、异黄酮等成分，具有补肾益气、排毒养颜等功效，可调节血脂，适合因高脂血症影响月经量的女性食用。

推荐食谱 红糖大麦豇豆粥

- ●材料　豇豆200克，水发大麦230克
- ●调料　红糖40克

●做法

①择洗好的豇豆切成小段。

②砂锅注水烧开，倒入泡发好的大麦，拌匀。

③盖上锅盖，烧开后转小火煮30分钟至熟软。

④掀开锅盖，倒入备好的豇豆、红糖，搅拌匀。

⑤续煮10分钟至入味，装入碗中即可。

调理功效

红糖是一种温和的滋补品，能补虚、补血、健脾暖胃，可改善经血过少。

扫一扫看视频

蛋黄肉粽

● **材料** 水发糯米250克，五花肉160克，咸蛋黄60克，香菇25克，粽叶若干，粽绳若干

● **调料** 盐3克，料酒4毫升，生抽5毫升，老抽3毫升，芝麻油适量

● **做法**

①处理好的五花肉去皮切块；洗净的香菇去蒂，再切块。

②取1个碗，倒入五花肉、香菇，加盐、生抽、料酒、老抽、芝麻油，腌渍约2小时。

③取浸泡过12小时的粽叶，剪去两端，从中间折成漏斗状。

④放入已泡发8小时的糯米，加入咸蛋黄、五花肉和香菇。

⑤再放入糯米，将食材覆盖压平，将粽叶贴着食材往下折。

⑥再将左叶边向下折，右叶边向下折，分别压住，将粽叶多余部分捏住，贴住粽体。

⑦用浸泡过12小时的粽绳捆好扎紧，将剩余的食材依次制成粽子，待用。

⑧电蒸锅注水烧开，放入粽子，煮1.5个小时，取出放凉，剥开粽叶即可食用。

🌿 调理功效

蛋黄富含脂溶性维生素、单不饱和脂肪酸和微量元素，可防止卵巢早衰，从而可以调节女性月经量。

黑糖黑木耳燕麦粥 推荐食谱

扫一扫看视频

- **材料** 水发黑木耳95克，燕麦90克
- **调料** 黑糖40克

- **做法**
① 砂锅中注入适量清水烧热，倒入燕麦。
② 放入泡好的黑木耳，搅匀。
③ 加盖，用大火煮开后转小火续煮30分钟至熟软。
④ 揭盖，倒入黑糖。
⑤ 搅匀，至完全溶化。
⑥ 关火后盛出煮好的粥，装碗即可。

调理功效

黑糖有补中益气、缓中健脾、活血散寒等功能，女性食用能调节经期血量。

崩漏

病症介绍

　　妇女不在行经期间阴道突然大量出血，或淋漓下血不断者，称为"崩漏"，前者称为"崩中"，后者称为"漏下"。若经期延长达2周以上者，也属于崩漏范畴，称为"经崩"或"经漏"。主要病机是冲任损伤，不能制约经血。

饮食要点

　　【宜食营养而易于消化的食物，多食含铁丰富的食物】动物肝脏、乌鸡等肉类以及黑木耳、桂圆肉、菠菜等蔬菜水果含铁丰富，且易消化吸收，宜多食。

　　【宜多食富含维生素C的新鲜瓜果、蔬菜】菠菜、上海青、紫甘蓝、西红柿、胡萝卜、苹果、梨、香蕉、橘子、鲜枣等食物不仅含有丰富的铁和铜，还含有叶酸、维生素C及胡萝卜素等，对治疗贫血和辅助止血有较好的作用。

　　【属实热型的崩漏患者，平时宜多食新鲜蔬菜、水果和低脂食物】包括牛奶、豆浆、蛋类、瘦肉、荠菜、乌鸡、马齿苋、梨、马蹄、鲫鱼、黑木耳、韭菜等。慎吃雄鸡、牛肉、狗肉等易使人上火的食物。

　　【脾肾亏虚型的崩漏患者，宜多食固涩滋补食物】如扁豆、红枣、猪肚、山药、荔枝、黑木耳、黑豆、黄花鱼、韭菜、芡实、猪腰等。脾肾亏虚型崩漏患者需慎吃性味寒凉的食物，如西瓜、苦瓜、香蕉等。

生活细节

　　【保持规律的生活节奏，做到有张有弛，避免过度劳累】处于青春期的少女要学会自我节制，不要通宵达旦的上网、娱乐，防止因生活无规律、过度劳累而致内分泌紊乱，促使崩漏的发生与发展。

　　【慎起居，多休息，少活动】崩漏患者在出血期间需绝对卧床休息，必要时采取去枕平卧位，加强肢体保温，腹部禁止热敷。

　　【预防休克】崩漏患者出血期间需时刻观察患者面色、四肢温度、患处、脉搏和血压情况，及时测血压，预防低血容量休克。

　　【注意情绪调节，避免过度紧张与精神刺激】女性天生敏感，情感丰富，但情绪波动或精神刺激是崩漏的重要诱发要素之一，所以需学会调整情绪，做高情商女人。

推荐食谱 如意白菜卷

- ●材料　白菜叶100克，肉末200克，水发香菇10克，高汤100毫升，姜末、葱花各少许
- ●调料　盐、鸡粉各3克，料酒5毫升，水淀粉4毫升

●做法

①洗净的香菇去蒂，切丁。

②锅中注水烧开，倒入白菜叶，煮至熟软，捞出。

③取1个碗，倒入肉末、香菇、姜末、葱花。

④加盐、鸡粉，淋入料酒、水淀粉，搅匀，制成肉馅。

⑤将白菜叶铺平，放入肉末，卷成卷，放入盘中。

⑥依此将剩余的食材制成白菜卷，装盘待用。

⑦蒸锅上火烧开，放入白菜卷，用大火蒸熟，取出，放凉。

⑧将白菜卷两端修齐，对半切开。

⑨炒锅中倒入高汤，加盐、鸡粉、水淀粉，调成味汁，浇在白菜卷上即可。

调理功效

白菜富含维生素C，对治疗崩漏所致的贫血和辅助止血有较好的作用，可常食。

扫一扫看视频

枸杞百合蒸木耳

- **材料** 百合50克，枸杞5克，水发木耳100克

- **调料** 盐1克，芝麻油适量

- **做法**

① 取1个空碗，放入泡好的木耳、百合、枸杞。

② 淋入芝麻油，加入盐，拌匀，装盘。

③ 取出电蒸锅，注入清水烧开，放入备好的食材。

④ 盖上锅盖，调好时间旋钮，蒸5分钟至熟。

⑤ 揭开盖，取出蒸好的枸杞百合蒸木耳即可。

调理功效

木耳、枸杞、百合均含有多种维生素和矿物质，崩漏患者食用可起到补血养颜、清心安神等功效。

木耳银耳汤

- **材料** 木瓜200克，枸杞30克，水发莲子65克，水发银耳95克

- **调料** 冰糖40克

- **做法**

① 洗净的木瓜切块，待用。

② 砂锅注水烧开，倒入木瓜、银耳。

③ 加入洗净泡好去心的莲子，搅匀。

④ 用大火煮开后转小火续煮30分钟。

⑤ 倒入枸杞、冰糖，续煮10分钟，盛出煮好的甜品汤即可。

调理功效

排毒通便的木瓜和益气清肠、滋阴润肺的银耳搭配煮汤，崩漏患者食用此汤，还可增强免疫力，防治贫血。

鸡蛋炒土豆泥

推荐食谱

● 材料　土豆200克，西红柿85克，黄瓜70克，培根65克，熟鸡蛋1个

● 调料　盐少许，鸡粉2克，食用油适量

● 做法

① 去皮洗净的土豆切片。

② 洗好的培根切丁。

③ 洗净的黄瓜切块。

④ 洗好的西红柿切块。

⑤ 去壳的熟鸡蛋切开，取蛋白切小块。

⑥ 蒸锅上火烧开，放入土豆片，用大火蒸约20分钟，至食材熟软。

⑦ 用油起锅，倒入切好的培根，炒香。

⑧ 放入黄瓜丁，倒入切好的西红柿，炒匀，放入土豆泥，炒散。

⑨ 倒入蛋白，加入盐、鸡粉，炒匀炒透，盛出即可。

🌿 **调理功效**

土豆和鸡蛋能帮助带走一些油脂和垃圾，具有一定的通便排毒作用，适合崩漏患者食用。

扫一扫看视频

🍴 调理功效

木耳可防止血液凝固，固涩滋补，脾肾亏虚型的崩漏患者，宜多食此品。

推荐食谱 茼蒿黑木耳炒肉

- ●材料　茼蒿100克，瘦肉90克，彩椒50克，水发木耳45克，姜片、蒜末、葱段各少许

- ●调料　盐3克，鸡粉2克，料酒4毫升，生抽5毫升，水淀粉、食用油各适量

●做法

①洗净的木耳切块，彩椒切丝，茼蒿切段；瘦肉切片，装碗，加盐、鸡粉、水淀粉、食用油，腌至入味。

②锅中注水烧开，加盐、木耳，略煮，倒入彩椒，煮至断生后捞出。

③用油起锅，爆香姜片、蒜末、葱段，倒入肉片，炒至变色，淋入料酒。

④注水，放入茼蒿、彩椒、木耳，加盐、鸡粉、生抽、水淀粉，炒匀即可。

🍴 调理功效

猪肉益血补气，可护肤美肤、强筋壮骨，与芹菜同食，可用于治疗女性经期崩漏。

推荐食谱 芹菜猪肉水饺

- ●材料　芹菜100克，肉末90克，饺子皮95克，姜末、葱花各少许

- ●调料　盐、五香粉、鸡粉各3克，生抽5毫升，食用油适量

●做法

①洗净的芹菜切碎，加盐腌10分钟，倒入漏勺，压掉多余水分。

②将芹菜碎、姜末、葱花倒入肉末中，加五香粉、生抽、盐、鸡粉、食用油。

③拌匀入味，制成馅料，待用。

④备好1碗清水，用手指蘸上少许清水，往饺子皮边缘涂抹一圈。

⑤往饺子皮中放上馅料，将饺子皮对折，两边捏紧，制成饺子生坯，待用。

⑥锅中注水烧开，倒入生坯，煮熟，盛出即可食用。

杏鲍菇炒腊肉

- **材料** 腊肉150克，杏鲍菇120克，红椒35克，蒜苗段40克，姜片、蒜片各少许

- **调料** 盐、鸡粉各少许，生抽3毫升，水淀粉、食用油各适量

- **做法**

① 将洗净的杏鲍菇切菱形片；洗好的红椒去籽，切菱形片。

② 洗净的腊肉切开，再切片。

③ 锅中注水烧开，倒入杏鲍菇，焯1分30秒，捞出。

④ 沸水锅中再倒入肉片，氽去多余盐分，捞出食材。

⑤ 用油起锅，撒上姜片、蒜片，爆香，倒入腊肉片，炒干水分。

⑥ 淋入生抽，倒入备好的红椒片、杏鲍菇，炒香。

⑦ 加盐、鸡粉，注水，炒匀，用水淀粉勾芡，倒入蒜苗段，炒熟。

⑧ 关火后盛出菜肴，装在盘中即可。

调理功效

杏鲍菇具有强身健体、促进大脑发育、滋阴润燥等功效，崩漏患者食用此品，对身体有利。

扫一扫看视频

推荐食谱 萝卜丝煲鲫鱼

扫一扫看视频

●**材料** 鲫鱼500克，白萝卜150克，胡萝卜80克，姜丝、葱花各少许

●**调料** 盐3克，鸡粉2克，胡椒粉、料酒各适量

●**做法**

①洗净去皮的白萝卜、胡萝卜分别切片，再切丝。

②砂锅中注入适量清水，放入处理好的鲫鱼。

③加入姜丝、料酒，盖上盖，用大火煮10分钟。

④揭盖，倒入切好的胡萝卜、白萝卜。

⑤盖上盖，用小火续煮20分钟至食材熟透。

⑥揭盖，加入盐、鸡粉、胡椒粉、拌匀。

⑦关火后盛出煮好的菜肴，装入碗中，撒上葱花即可。

调理功效

鲫鱼含铁丰富，与白萝卜炖煮，易于消化，可有效防治崩漏出血，调理经期不适。

木耳黑豆浆

推荐食谱

●材料　水发木耳8克，水发黑豆50克

●做法

①将已浸泡8小时的黑豆倒入碗中，注水搓洗干净。

②把洗好的黑豆倒入滤网中，沥干水分，备用。

③将洗好的黑豆、木耳倒入豆浆机中，注水至水位线。

④盖上豆浆机机头，选择"五谷"程序，再选择"开始"键，开始打浆。

⑤待豆浆机运转约15分钟，即成豆浆，将豆浆滤入杯中即可。

调理功效

黑木耳有益气、润肺、凉血、止血、养颜等功效，脾肾亏虚型的崩漏患者宜食。

扫一扫看视频

绿豆燕麦红米糊

推荐食谱

●材料　水发红米220克，水发绿豆160克，燕麦片75克

●做法

①取豆浆机，倒入洗净的红米、绿豆、燕麦片，注入适量清水，至水位线。

②盖上机头，选择"米糊"项目，再点击"启动"，待机器运转35分钟，煮成米糊。

③断电后取下机头，倒出煮好的米糊，装在小碗中即可。

调理功效

绿豆具有清热去湿、增强食欲、保肝护肾等功效，适合湿热型崩漏患者食用。

扫一扫看视频

Part 5

告别经期不适
——做快乐自信的女人

　　头痛、发热、失眠、痤疮……总在每月的那几天和"好朋友"一起到来，让人不得安生。身体上出现不适，各种负面情绪接踵而来，往往给生活造成极大的困扰。别担心，通过合理的饮食和生活调养，你一定能告别这些不适，找回失落的好心情。

经行乳房胀痛

经行乳房胀痛系因七情内伤、肝气郁结、气血运行不畅、脉络欠通，或因肝肾精血不足、经脉失于濡养所致。以经期或行经前后，周期性出现乳房胀痛，或乳头胀痒作痛，甚至痛不可触碰为主要表现。

饮食要点

①过咸的食物会导致乳房胀痛，特别是在月经来潮的前7~10天更要避免摄取过多这类食物。

②平时可以适当多吃些高纤维的食物，这类食物同样有利于预防以及缓解各种乳房不适症状。

饮食细节

①调畅情志，保持愉悦的心情，使肝气畅达，避免因情绪影响导致经行乳房胀痛。

②轻轻按摩乳房，可以使过量的体液再回到淋巴系统，而且还能预防乳腺疾病的发生。

推荐食谱 奶汤干贝扒娃娃菜

●材料　娃娃菜300克，水发干贝80克，牛奶180毫升，鸡汤250毫升

●调料　盐、鸡粉各2克，食用油适量

●做法

①洗净的娃娃菜切成段。

②开水锅中加入盐、食用油，倒入娃娃菜，焯至断生，捞出，摆放在盘中。

③锅置于火上，倒入干贝、鸡汤、牛奶，加入适量盐、鸡粉，煮约2分钟至入味。

④关火后盛出煮好的汤汁，浇在娃娃菜上即可。

扫一扫看视频

🍴 **调理功效**

本品具有健脑提神、健脾开胃、养心安神、补钙等功效，对缓解经期乳房胀痛有益。

推荐食谱 糙米胡萝卜糕

●**材料** 去皮胡萝卜250克，水发糙米300克，糯米粉20克

●**做法**

①洗净的胡萝卜切片，改切细条，倒入碗中。

②放入泡好的糙米、糯米粉，加适量清水，将材料充分拌匀。

③再将拌好的所有材料盛入之前备好的碗中。

④蒸锅中注入适量清水烧开，放入拌好的食材。

⑤加盖，用大火蒸30分钟，至全部食材熟透。

⑥揭盖，取出蒸好的糙米胡萝卜糕，放凉后倒扣在盘中。

⑦将糕点切成数块三角形，摆放在另一盘中即可。

🍃 调理功效

本品属于低脂高纤维饮食，经期食用有很好的镇痛安神、增进营养、增强免疫力等作用。

扫一扫看视频

鸡蓉玉米奶油浓汤

扫一扫看视频

- **材料** 鸡胸肉90克，玉米粒70克，淡奶油50克，牛奶60毫升
- **调料** 盐、鸡粉、白糖各1克，橄榄油适量

- **做法**

① 洗净的玉米粒剁碎，洗好的鸡胸肉剁成鸡肉蓉。

② 锅置火上，倒入橄榄油，烧热，放入鸡肉蓉，炒约2分钟至转色。

③ 倒入玉米碎，翻炒均匀，倒入牛奶，搅匀。

④ 注入少许清水，搅匀，用小火煮约2分钟至沸腾。

⑤ 加入盐、鸡粉、白糖，搅匀调味。

⑥ 加入淡奶油，搅拌至汤味浓郁，关火后盛出即可。

调理功效

本品荤素搭配，而且清淡、易于消化，有助于均衡营养、改善食欲，缓解各种经期不适症状。

虾仁西蓝花

- ●材料　西蓝花230克，虾仁60克
- ●调料　盐、鸡粉、水淀粉各少许，食用油适量

- ●做法

①开水锅中加入食用油、盐，放入西蓝花，焯至断生，捞出沥干，放凉后切去根部。

②洗净的虾仁切小段，加盐、鸡粉、水淀粉，腌渍10分钟，备用。

③锅中注油烧热，加入适量清水、盐、鸡粉，倒入腌好的虾仁，煮至虾身卷起并呈现淡红色。

④关火，取1个盘，摆上西蓝花，盛入锅中的虾仁即可。

🌿 调理功效

西蓝花富含食物纤维、维生素C及多种矿物质，对缓解疏肝解郁、促进气血运行有益。

扫一扫看视频

玫瑰山药

- ●材料　去皮山药150克，奶粉20克，玫瑰花5克
- ●调料　白糖20克
- ●做法

①取出已烧开上气的电蒸锅，放入备好的山药。

②加盖，调好时间旋钮，蒸20分钟，断电后取出山药。

③将蒸好的山药装进保鲜袋，加白糖、奶粉。

④将山药压成泥状，放入模具，用勺子按压紧实。

⑤待山药泥稍定型后取出，反扣入盘中，撒上掰碎的玫瑰花瓣即可。

🌿 调理功效

山药营养丰富，且有健脾胃、安心神之效，适量食用可抑制催乳激素的生成，从而缓解经期乳房胀痛的症状。

经行发热

每值经期或经行前后出现以发热为主的病症，称"经行发热"，又称"经来发热"。本病与西医学的慢性盆腔炎、生殖器结核、子宫内膜异位症及临床症状不明显的感染有关。

饮食要点

①保证充足的水分摄入，有利于体内的毒素稀释和排出，还可补充由于体温增高丧失的水分，可饮白开水、菜汁、米汤等。

②宜吃具有生津、养阴作用的食物，改善阳盛体质，避免经行发热。

生活细节

①防寒保暖。经期抵抗能力差，应尽量避免受寒、淋雨、接触凉水等，以防血为寒湿所凝，导致经行发热。

②调整日常生活与工作量，有规律地进行活动和锻炼，避免劳累。

调理功效

鸡毛菜富含膳食纤维、维生素和矿物质，有助于体内毒素的排出。

推荐食谱 蒜蓉鸡毛菜

●**材料** 鸡毛菜200克，蒜蓉30克

●**调料** 盐、鸡粉各1克，食用油适量

●**做法**

①用油起锅，倒入蒜蓉，爆香。

②锅中倒入洗净的鸡毛菜，快速翻炒约1分钟。

③加入适量盐，撒上少许鸡粉，翻炒均匀调味。

④关火后盛出炒好的鸡毛菜。

⑤将炒好的菜肴整齐摆放在盘中即可。

大头菜小炒香干

● **材料** 香干170克，青豆65克，大头菜120克，彩椒25克

● **调料** 盐、鸡粉各2克，生抽3毫升，水淀粉、食用油各适量

● **做法**

①将洗净的香干切条，洗好的大头菜、彩椒切丝。

②锅中注水烧开，倒入青豆，煮1分钟，倒入大头菜，再煮1分钟。

③倒入香干，拌匀，捞出全部食材，沥干待用。

④用油起锅，放入彩椒丝，倒入焯好的食材，炒匀。

⑤转小火，加盐、鸡粉、生抽，炒匀调味。

⑥用水淀粉勾芡，关火后盛出炒好的菜肴即可。

⚘ 调理功效

本品具有缓解精神紧张、清热除烦、通肠利胃的功能，有助于改善体质，避免经行发热。

推荐食谱 菠菜米糊

●**材料** 菠菜65克，鸡蛋50克，鸡胸肉
55克，米碎90克

●**调料** 盐少许

●**做法**

① 将鸡蛋打入碗中，打散，搅匀制成蛋液，备用。

② 开水锅中倒入菠菜，煮至断生，捞出放凉后剁成末。

③ 把洗净的鸡肉剁成末，装入小碗中，倒入清水拌匀。

④ 汤锅中注水烧开，倒入米碎，搅匀，小火煮2分钟。

⑤ 待米粒呈米糊状时倒入鸡肉末、菠菜末，搅拌几下。

⑥ 续煮片刻至沸腾，加入少许盐，拌匀调味。

⑦ 淋入蛋液，略煮至液面浮起蛋花，关火后盛出即可。

🌱 调理功效

本品具有滋阴养血、补虚强身、健胃消食等功效，可增强经期免疫力，远离各种不适症状。

推荐食谱 枸杞开心果豆浆

- 材料　枸杞10克，开心果8克，水发黄豆50克
- 调料　白糖适量
- 做法

①把泡好的黄豆倒入碗中，加水搓洗干净，滤干水分。

②取豆浆机，倒入洗好的黄豆、枸杞、开心果，加入适量白糖、清水。

③盖上豆浆机机头，启动豆浆机，开始打浆。

④待豆浆机运转约15分钟，断电，取下机头，滤取豆浆。

⑤把滤好的豆浆倒入杯中，用汤匙捞去浮沫即可。

调理功效

当出现经期发热时，适当饮用豆浆，不仅有利于清热，还能帮助补充营养和水分。

扫一扫看视频

推荐食谱 红枣绿豆豆浆

- 材料　水发黄豆40克，水发绿豆30克，红枣肉5克
- 调料　白糖适量
- 做法

①将泡好的黄豆、绿豆倒入碗中，加水搓洗干净，滤干水分。

②取豆浆机，倒入绿豆、黄豆、红枣，加适量清水。

③盖上豆浆机机头，启动豆浆机，开始打浆。

④待豆浆机运转约15分钟，断电，取下机头，滤取豆浆。

⑤将滤好的豆浆倒入杯中，加入少许白糖，拌匀即可。

调理功效

常饮本品可清热排毒、补血养血、增强免疫力，预防经期生殖系统感染疾病的发生。

扫一扫看视频

经行头痛

每逢经期，或行经前后，出现以头痛为主证者，称为经行头痛。本病属西医学经前期紧张综合征的范畴，以育龄期妇女多见，亦可见于更年期尚未绝经者。

饮食要点

①头痛属血虚者，应多食营养丰富的食物，如肉类、蛋类、牛奶等。

②肝火头痛者应多食营养丰富的食物及青菜、水果等清淡食品。

③戒烟酒，忌吃辛辣刺激性食物，血虚者还忌生冷及寒凉类食物。

生活细节

①平时应注意参加适当的体育锻炼，以增强体质。

②居住环境应尽量整齐清洁、舒适安静。

③在行经前及行经期，应消除思想顾虑，保持情绪舒畅，避免忧思郁怒、肝气上逆。

🍵 调理功效

女性在行经期间，适当食用红枣和黑豆，有助于增进营养，二者煮粥，易消化，还可改善紧张、抑郁等不良情绪。

推荐食谱 红枣黑豆粥

- ●材料　水发黑豆100克，红枣10克
- ●调料　白糖适量

●做法

①锅中注入适量的清水大火烧开。

②倒入备好的黑豆、红枣，搅拌片刻。

③水烧开后盖上盖，用小火熬煮1个小时至熟软。

④掀开锅盖，放入少许白糖。

⑤持续搅拌片刻，使食材入味。

⑥关火，将煮好的粥盛出，装入备好的碗中即可。

包菜甜椒粥

● 材料　水发大米65克，黄彩椒、红彩椒各50克，包菜30克

● 做法

① 洗净的包菜切碎，洗好的红彩椒切丁，洗好的黄彩椒切丁。

② 砂锅注入适量清水，放入切碎的包菜，倒入泡好的大米。

③ 炒约2分钟至食材转色，注入适量清水，搅匀。

④ 加盖，用大火煮开后转小火煮30分钟至食材熟软。

⑤ 揭盖，倒入切好的红彩椒、黄彩椒，搅匀。

⑥ 加盖，煮约5分钟至彩椒熟软。

⑦ 揭开盖，关火后盛出煮好的粥，装碗即可。

 调理功效

包菜含有蛋白质、B族维生素、维生素C及多种矿物质，可增强免疫力，改善体质。

^{推荐食谱} 西红柿肉末蒸日本豆腐

- **材料** 西红柿、日本豆腐各100克，肉末80克，葱花少许
- **调料** 盐3克，鸡粉2克，料酒3毫升，生抽4毫升，水淀粉、食用油各适量

- **做法**

①将处理好的日本豆腐切小块，洗净的西红柿切丁。

②用油起锅，倒入肉末，炒匀，淋入料酒，炒香。

③加入生抽、盐、鸡粉调味，放入西红柿，炒匀。

④用水淀粉勾芡，炒制成酱料，装碗，待用。

⑤取蒸盘，摆上日本豆腐，铺上酱料，放入烧开的蒸锅中。

⑥盖上盖，用大火蒸约5分钟；揭盖，取出食材。

⑦趁热撒上备好的葱花，浇上少许热油即可。

扫一扫看视频

调理功效

本品荤素搭配，能为经期女性补充营养，缓解经期不适，尤其适合行经头痛者食用。

淫羊藿玫瑰花茶 推荐食谱

扫一扫看视频

●材料　玫瑰花5克，淫羊藿3克

●做法

①取1个茶杯，放入备好的淫羊藿、玫瑰花。

②杯中注入适量开水。

③盖上杯盖，静置一会儿，让茶水泡约10分钟。

④揭开盖，即可饮用。

🌿 调理功效

玫瑰花有行气养血、柔肝醒胃、美容等功效，可缓解经期紧张引起的气血不畅、头痛身痛等症。

经行晕眩

经行晕眩以经期或行经前后，周期性出现头晕目眩为主要表现，并兼有胸闷、恶心、呕吐等症，多因阴血亏虚、肝阳偏亢，或痰湿内阻、清阳不升所致。

饮食要点

①保证饮食多样化，营养均衡，并要注意多吃清淡易于消化的食物。

②忌吃生冷及凉拌的食物，也不宜食用发物，如猪头肉、公鸡肉、蟹、虾等发物，以免胃肠道受刺激而诱发经行眩晕呕吐发作。

生活细节

①气血虚弱的女性要注意劳逸结合，保证充足的睡眠时间，不要过度饥饿。

②对精神空虚、感情脆弱的女性，不要让其情绪起伏太大，避免恶劣影响引发精神崩溃。

③在盛暑季节或进行高温作业时，要采取有效措施，预防中暑。

推荐食谱 小白菜拌牛肉末

● 材料　牛肉100克，小白菜160克，高汤100毫升

● 调料　盐少许，白糖3克，番茄酱15克，料酒、水淀粉、食用油各适量

● 做法

①洗好的小白菜切段，洗净的牛肉剁成肉末。

②锅中注水烧开，加食用油、盐、小白菜，焯熟，捞出。

③用油起锅，倒入牛肉末、料酒，炒香，倒入高汤。

④加番茄酱、盐、白糖、水淀粉，拌匀调味。

⑤将牛肉末盛在装好盘的小白菜上，即可食用。

扫一扫看视频

🥄 调理功效

牛肉末有滋阴润燥、补虚养血等功效，对改善阴血亏虚、情绪抑郁引起的晕眩有益。

金沙玉米

● 材料　玉米粒200克，咸蛋黄3个，葱花少许

● 调料　盐、白糖各2克，食用油适量

● 做法

① 咸蛋黄切片，改切成细碎。

② 沸水锅中倒入洗净的玉米粒，汆至玉米粒断生。

③ 捞出汆好的玉米粒，沥干水分，装盘待用。

④ 热锅注油烧热，倒入咸蛋黄，炒至其松散。

⑤ 加入玉米粒，炒拌至玉米粒充分粘连上咸蛋黄。

⑥ 撒上适量盐、白糖，倒入葱花，炒至食材入味。

⑦ 将炒好的玉米粒盛出，装入备好的盘中即可。

调理功效

玉米中含有植物纤维素，能加速致癌物质和其他毒物的排出，具有防癌抗癌、抑制眩晕的作用。

扫一扫看视频

推荐
食谱 **节瓜红豆生鱼汤**

扫一扫看视频

●材料　生鱼块240克，节瓜120克，花
生米70克，水发红豆65克，枸
杞30克，水发干贝35克，淮山
25克，姜片少许

●调料　盐2克，鸡粉少许，料酒5毫升

●做法

①将洗净的节瓜去除瓜瓤，切滚刀块。

②砂锅注水烧热，加姜片、淮山、花生米、红豆、枸杞。

③倒入干贝、洗净的生鱼块、料酒，搅拌匀。

④盖上盖，大火烧开后转小火煮约30分钟，至药材散出香味。

⑤揭盖，倒入节瓜，拌匀，续煮约15分钟。

⑥揭盖，加盐、鸡粉，煮至入味，关火后盛出即可。

调理功效

本品有养胃生津、滋补调养等作用，对改善经行晕眩引起的胸闷、恶心、呕吐等有帮助。

推荐食谱 银耳红枣糖水

- ●材料　银耳50克，红枣20克，枸杞5克
- ●调料　冰糖15克

- ●做法

①泡发好的银耳切去根部，再用手掰成小块。

②取1个马克杯，倒入银耳、红枣，加入适量冰糖，放入枸杞。

③注入适量清水，盖上保鲜膜。

④电蒸锅中注水烧开，放入杯子，加盖，蒸45分钟。

⑤待时间到揭开锅盖，取出食材，揭去保鲜膜即可。

🍲 调理功效

本品有滋阴补虚、补血养血、健脾益气等功效，可改善经期气血运行不畅，缓解晕眩。

扫一扫看视频

推荐食谱 桂圆红枣豆浆

- ●材料　水发黄豆65克，桂圆30克，红枣8克
- ●调料　白糖10克

- ●做法

①将已浸泡8小时的黄豆倒入碗中。

②加水搓洗干净，沥干水分。

③把黄豆、红枣、桂圆倒入豆浆机，注水至水位线。

④盖上豆浆机机头，选择"五谷"程序，再选择"开始"键，开始打浆。

⑤待豆浆机运转约15分钟，即成豆浆，滤入杯中，加白糖拌匀，捞去浮沫即可饮用。

🍲 调理功效

桂圆含葡萄糖、维生素K等营养成分，有补心脾、益气血、健脾胃、防晕眩之效。

扫一扫看视频

经行身痛

每遇经行前后或正值经期，出现以全身疼痛为主证者，称"经行身痛"。本病经净后疼痛渐减，伴随月经周期而发。主要因为气血不和，肢体筋脉、关节失养或阻滞不畅所致。

饮食要点

①血虚型经行身痛者宜在经间期进食行气、补血的食材调理身体。

②血瘀型经行身痛者宜在经间期进食活血、驱寒的食材调理身体。

③不宜多吃肥肉、油炸食品、巧克力等，防止血脂增高，阻塞血管，影响气血运行。

生活细节

①经期充分休息，避免过度劳累与紧张。

②经期应避免着凉、淋雨、游泳、涉水等。

③平时应加强体育锻炼，增强抗病能力。

调理功效

白菜有润肠通便、保肝护肾、促进新陈代谢和气血运行的作用，与肉末同蒸，营养丰富，还可用于缓解经期身痛。

推荐食谱 蒸肉末白菜卷

- ●材料　白菜叶、瘦肉末各100克，蛋液30克，葱花、姜末各3克
- ●调料　盐、鸡粉各5克，胡椒粉少许，干淀粉15克，料酒10毫升，水淀粉15毫升，食用油适量
- ●做法

①瘦肉末装碗，加料酒、姜末、葱花、盐、鸡粉、蛋液，撒上胡椒粉。

②注入适量食用油，倒入干淀粉，拌匀，制成肉馅，待用。

③锅中注水烧开，放入白菜叶，焯后捞出放凉，铺开，放入肉馅，卷成肉卷。

④放在蒸盘中，摆齐，备好电蒸锅，烧开水后放入蒸盘，蒸熟后取出。

⑤锅注水煮沸，加盐、鸡粉、水淀粉、食用油，调成稠汁，浇在肉卷上即可。

粉蒸荷兰豆

●**材料** 荷兰豆120克，肉末50克，蒸肉米粉30克，红椒丁15克，姜末、蒜末各5克，葱花3克

●**调料** 盐3克，食用油适量

●**做法**

①用油起锅，爆香姜末、蒜末，倒入红椒丁，炒匀。

②放入肉末，炒至转色，加盐调味，关火后盛在碟中。

③取1个大碗，放入择洗干净的荷兰豆。

④倒入炒熟的肉末，放入蒸肉米粉，拌匀。

⑤再转到蒸盘中，摆好造型，待用。

⑥备好电蒸锅，烧开水后放入蒸盘，盖上盖，蒸约5分钟，取出蒸盘，撒上葱花即可。

🌱 调理功效

本品食材多样，营养又美味，对改善行经期间身体不适引起的食欲不振、消化不良有益。

推荐食谱 冬菇玉米须汤

- **材料** 水发冬菇75克，鸡肉块150克，玉米须30克，玉米115克，去皮胡萝卜95克，姜片少许

- **调料** 盐2克

- **做法**

①洗净去皮的胡萝卜切滚刀块。

②洗好的玉米切段。

③洗净的冬菇切去柄部。

④锅中注入适量清水烧开，倒入洗净的鸡肉块，氽煮片刻。

⑤关火后捞出氽好的鸡肉块，沥干水分，装入盘中备用。

⑥砂锅中注入适量清水烧开，倒入鸡肉块、玉米段、胡萝卜块、冬菇、姜片、玉米须，拌匀。

⑦加盖，大火煮开后转小火煮2小时，揭盖，加盐，搅拌至入味。

⑧关火后盛出煮好的汤，装入备好的碗中即可。

扫一扫看视频

🍃 调理功效

冬菇可以增强免疫力、延缓衰老、开胃消食，女性在经期食用对身体大有裨益。

莲藕核桃栗子汤

推荐食谱

- ●材料　水发红莲子、核桃各65克，红枣40克，陈皮30克，鸡肉块180克，板栗仁75克，莲藕100克
- ●调料　盐2克
- ●做法

①洗净的莲藕切块。

②锅中注水烧开，放入鸡肉块，汆片刻后捞出，沥干水分。

③砂锅注水烧开，倒入鸡肉块、藕块、红枣、陈皮、红莲子。

④砂锅中继续放入备好的板栗仁、核桃，搅拌均匀。

⑤加盖，大火煮开后转小火煮2小时，揭盖，加入盐，拌至入味。

⑥关火后盛出煮好的汤，装入备好的碗中即可。

调理功效

本品可健脾行气、清热解毒，改善经期气血不和或阻滞不畅所致的各种不适症状。

扫一扫看视频

红枣枸杞豆浆

推荐食谱

- ●材料　水发黄豆50克，红枣肉、枸杞各5克

- ●做法

①将泡好的黄豆倒入碗中，加水搓洗干净，滤干水分。

②取豆浆机，倒入枸杞、红枣、黄豆，注入适量清水。

③盖上豆浆机机头，启动豆浆机，开始打浆。

④待豆浆机运转约15分钟，断电，取下机头，滤取豆浆。

⑤将滤好的豆浆倒入杯中即可。

调理功效

本品有补血安神、益气补虚、美容护肤等功效，可促进经期气血流畅、缓解经期疼痛。

扫一扫看视频

经行泄泻

每逢月经来潮时大便溏薄或泄泻次数增多，经后大便恢复正常者称"经行泄泻"。一般在月经来潮前2～3日即开始泄泻，至经净后，大便即恢复正常，也有至经净后数日方止。

饮食要点

①忌食油腻不消化食品，如动物油、奶油、油条等，以免加重腹泻。

②忌食生冷瓜果。此病患者多为脾胃素虚、肾阳衰弱，如果多吃生冷食物、寒性瓜果，则会进一步损伤脾肾阳气，使脾胃运动无力，寒湿内停，加重腹泻腹痛。

生活细节

①经行泄泻与体质虚弱有关，尤其是脾肾虚弱者平时应多参加体育活动，增强体质，预防本病的发生。

②改善饮食卫生，饭前便后洗手，不吃剩饭剩菜。

 **白果蒸鸡蛋**

● 材料　鸡蛋2个，白果10克

● 调料　盐、鸡粉各1克

● 做法

①取1个碗，打入鸡蛋。

②加入盐、鸡粉，注入温开水，搅散，待用。

③蒸锅中注水烧开，放入调好的蛋液。

④盖上盖，用小火蒸10分钟，揭盖，放入洗好的白果。

⑤盖上盖，再蒸5分钟至熟，揭盖，取出蒸好的蛋羹即可。

扫一扫看视频

调理功效

鸡蛋含有蛋白质、卵磷脂、B族维生素、铁、锌等，有健脑益智、补铁、护肝等功效。

七星鱼丸

扫一扫看视频

●材料 草鱼肉蓉150克，虾肉蓉40克，猪肉末120克，玉米淀粉50克，蛋清、葱花各少许

●调料 盐、鸡粉、胡椒粉各2克，芝麻油3毫升，料酒5毫升

●做法

① 碗中倒入草鱼肉蓉、猪肉末、虾肉蓉。

② 加入适量盐、鸡粉、胡椒粉、料酒，拌匀。

③ 倒入蛋清、玉米淀粉，朝一个方向搅拌至上劲。

④ 用手将拌好的食材逐一捏成数个小丸子，待用。

⑤ 锅中注入适量清水烧开，放入小丸子，煮至丸子浮起，加盐调味。

⑥ 关火后盛出装碗，淋上适量芝麻油，撒上葱花即可。

调理功效

本品富含优质蛋白质，具有益气补血、增进食欲、美容护肤等功效，易消化吸收，有益健康。

调理功效

猪肝有利于身体发育，维生素A含量也较高，常吃猪肝，对经行泄泻有一定的预防作用，女性可以常食。

红枣枸杞蒸猪肝

- ●材料　猪肝200克，红枣40克，枸杞10克，葱花3克，姜丝5克
- ●调料　盐2克，鸡粉3克，生抽8毫升，料酒5毫升，干淀粉15克，食用油适量

●做法

①洗净的红枣去除果核，洗好的猪肝切成片。

②把猪肝装碗，加料酒、生抽、盐、鸡粉、姜丝、干淀粉、油，腌10分钟。

③取1个蒸盘，放入猪肝、红枣、枸杞，摆好造型。

④备好电蒸锅，烧开水后放入装好食材的蒸盘。

⑤蒸约5分钟，取出蒸盘，趁热撒上葱花即可。

扫一扫看视频

调理功效

经期食用本品可补充身体流失的营养与水分，还能促进消化和吸收，缓解腹泻。

燕麦花豆粥

- ●材料　水发花豆180克，燕麦140克
- ●调料　冰糖30克

●做法

①砂锅中注入适量清水烧热，倒入泡发好的花豆、燕麦，搅拌匀。

②盖上盖，大火煮开后转小火煮1小时至熟软。

③揭盖，倒入适量冰糖，搅拌片刻。

④盖上盖，续煮5分钟至入味，揭盖，持续搅拌片刻。

⑤关火，将煮好的粥盛出，装入备好的碗中即可。

糙米白萝卜枸杞饭

● 材料　泡发糙米100克，枸杞5克，白萝卜少许

● 做法

① 将泡发好的糙米倒入碗中。

② 往碗中加入适量清水，没过糙米1厘米处。

③ 蒸锅中注入适量清水烧开，放入装好糙米的碗。

④ 盖上盖，用大火炖约40分钟，至糙米熟软。

⑤ 揭盖，撒上枸杞、白萝卜，转中火继续炖20分钟至食材熟透。

⑥ 关火，取出炖好的糙米枸杞饭，待稍凉即可食用。

调理功效

本品有补脾胃、益气安神、滋阴补血等功效，对经期食欲不振、便秘、泄泻均有调节作用。

经行水肿

每逢月经来潮前或行经时面目或肢体水肿，经后自然消退者，称为"经行水肿"。本病一般在月经来潮前3~5天即开始，经净后水肿消退，以育龄妇女多见。

饮食要点

①经行水肿者平时饮食宜淡，少食腌制或过分油腻的食物。

②行经之前适当控制水分摄入量，以免引起或加重水肿。

③经行水肿者应控制钠盐的摄入量，以免钠摄入过多，加重水肿。

生活细节

①经行浮肿与体质虚弱和气血失调有关，因此，平时宜参加适当的体育活动，增强体质，调和气血，预防本病的发生。

②适当按摩气海穴、水道穴、阴陵泉穴，能有效缓解水肿。

推荐食谱 糙米芸豆十二谷养生粥

● 材料　糙米、花芸豆、红芸豆、黑芸豆、玉米片、玉米渣、燕麦米、燕麦片、薏苡仁、银耳、大麦米、西米各适量

● 做法

①将材料洗净，再用适量清水浸泡约2小时。

②砂锅注水烧开，倒入泡好的材料，搅拌均匀。

③加盖，用大火煮开后转小火煮20分钟至材料微软。

④揭盖，搅拌均匀，续煮40分钟至粥品黏稠。

⑤搅拌一下，关火后盛出煮好的粥，装碗即可。

调理功效

红豆具有健脾止泻、利水消肿、清热解毒等功效，搭配糙米、玉米片等煮粥食用既能补充营养，又能去除水肿。

薏米红豆大米粥 推荐食谱

- ●材料　大米80克，薏米、红豆各50克
- ●调料　冰糖25克

●做法

①砂锅中注入适量清水烧开，倒入洗净的薏米、红豆。

②盖上盖，用中火煮约20分钟，至食材变软。

③揭盖，倒入洗净的大米，搅拌匀，使米粒散开。

④再盖上盖子，用中小火煮约40分钟，至全部食材熟软、熟透。

⑤揭盖，撒上适量冰糖，搅拌匀，用中火煮至溶化。

⑥关火后盛出煮好的大米粥，装在碗中即成。

🌱 调理功效

本品清淡、易消化，且富含多种维生素和矿物质，对改善行经水肿有较好的食疗功效。

推荐食谱 核桃芝麻百合汤

●材料　龙牙百合、怀山药、核桃、黑芝麻、枸杞各适量，莲藕块200克

●调料　盐2克

●做法

①将怀山药装入碗中，倒入清水泡发10分钟。

②将龙牙百合、枸杞装入碗中，用清水泡发15分钟。

③将泡好的龙牙百合、枸杞取出，沥干水分，装盘。

④砂锅注水，倒入莲藕、核桃、怀山药、黑芝麻，拌匀。

⑤加盖，大火煮开后转小火煮100分钟至有效成分析出。

⑥揭盖，放入龙牙百合、枸杞，续煮20分钟。

⑦加入盐调味，关火后盛出煮好的汤，装入碗中即可。

调理功效

龙牙百合具有清心安神、利尿解毒之功效，可缓解女性经期水肿的症状。

西蓝花木瓜核桃饮

推荐食谱

- ●材料　西蓝花50克，木瓜100克，核桃仁20克，豆浆100毫升
- ●调料　白糖适量

●做法

①将洗净去皮的木瓜切成条，再改切成小块。

②备好的核桃仁拍碎。

③锅中注水烧开，倒入切好的西蓝花，汆至断生。

④将西蓝花捞出，沥干水分，装入盘中，待用。

⑤备好榨汁机，倒入木瓜块、西蓝花、核桃碎。

⑥加入备好的豆浆，盖上盖，调转旋钮至1档，榨取汁水。

⑦揭开盖子，将榨好的汁水倒入备好的杯中。

⑧放入适量的白糖，拌匀即可。

🌱 调理功效

西蓝花中富含维生素C和膳食纤维，具有润肠通便、增强免疫力、防癌抗感染等功效，可常食。

扫一扫看视频

经行失眠

经行失眠是指每遇经前或经行失眠不安为主证，经后睡眠正常者。本病若治疗不当，失眠会逐渐严重，甚至彻夜不眠可发展为精神异常。属中医的经行前后诸证。

饮食要点

①饮食宜清淡可口、易于消化，忌服膏粱厚味之品。

②平时可适当进食安神助眠的食物，如小米、红枣、核桃等。

③睡前忌食含咖啡因的食物，一则避免神经兴奋，二则此为利尿剂，会影响睡眠。

生活细节

①选择合适的睡姿。选择合适的睡姿能够令睡眠过程更舒适，也能令人的内心世界趋于平静，睡眠姿势当以舒适为宜，但以右侧卧为佳。

②入睡时着装应舒适。晚上穿紧身衣会影响皮肤进行气体交换，影响睡眠质量。

调理功效

这道菜品清香不油腻，香菇和西蓝花都是对女性身体有益处的蔬菜，女性在经期适量食用，在滋补、安神、抗抑都方面有显著效果。

推荐食谱 蒸香菇西蓝花

● 材料　香菇、西蓝花各100克

● 调料　盐、鸡粉各2克，蚝油5克，水淀粉10毫升，食用油适量

● 做法

①洗净的香菇按十字花刀切块。

②取盘子，将洗净的西蓝花沿圈摆盘，将香菇摆在中间。

③备好已注水烧开的电蒸锅，放入食材，蒸8分钟至熟，取出。

④锅中注水烧开，加入盐、鸡粉、蚝油，拌匀。

⑤用水淀粉勾芡，制成汤汁，浇在西蓝花和香菇上即可。

莲子百合安眠汤

●材料　莲子50克，百合40克，水发银耳250克

●调料　冰糖20克

●做法

① 泡好洗净的银耳切去黄色根部，改刀切小块。

② 砂锅中注水烧开，倒入银耳、泡好的莲子，拌匀。

③ 盖上盖，大火煮开后转小火续煮40分钟。

④ 揭盖，放入泡好的百合，拌匀。

⑤ 盖上盖，续煮20分钟至食材熟。

⑥ 揭盖，加入冰糖，搅拌至溶化。

⑦ 关火后盛出煮好的甜汤，装碗即可。

调理功效

百合含有蛋白质、矿物质等，能养心安神，还能调理因热病导致的睡眠不安、多梦易醒等情况。

扫一扫看视频

🌿 调理功效

此道药膳不仅具有较好的安神助眠功效，而且对改善经期气血运行不畅也有帮助。

推荐食谱 三味安眠汤

- ●材料　麦冬20克，酸枣仁15克，远志少许

- ●做法
  ①锅中注入适量清水烧热，倒入洗净的麦冬。
  ②锅中再放入备好的酸枣仁，撒上洗好的远志。
  ③盖上盖，烧开后用小火煮约30分钟，至药材析出有效成分。
  ④揭盖，搅拌几下。
  ⑤关火后盛出煮好的汤汁，滤入杯中，待稍微冷却后即可饮用。

🌿 调理功效

本品具有润肺益气、养阴清热、补脑提神等功效，其中的银耳对改善经期失眠、贫血、情绪不佳有益。

推荐食谱 银耳薏仁双红羹

- ●材料　银耳、薏米、红豆、红枣各适量
- ●调料　冰糖少许
- ●做法
  ①将红豆清水泡发2小时，银耳泡发30分钟，薏米、红枣泡发10分钟。
  ②将红枣、薏米、红豆取出，沥干；泡好的银耳去根，切成小朵，装入盘中，备用。
  ③砂锅注水，倒入银耳、红豆、红枣、薏米，拌匀。
  ④加盖，大火煮开后转小火煮50分钟至析出有效成分。
  ⑤揭盖，放入冰糖，续煮10分钟至冰糖溶化。
  ⑥将食材拌至入味，盛出即可。

推荐食谱 安眠桂圆豆浆

- ●材料　水发黄豆60克，桂圆肉10克，百合20克
- ●调料　白糖适量

●做法

① 将泡好的黄豆倒入碗中，加适量清水搓洗干净。

② 将黄豆捞出，沥干水分，待用。

③ 取豆浆机，倒入黄豆、桂圆肉、百合，注入适量清水。

④ 盖上豆浆机机头，启动豆浆机，开始打浆。

⑤ 待豆浆机运转约15分钟，即成豆浆。

⑥ 断电，取下机头，把煮好的豆浆倒入滤网中，滤取豆浆。

⑦ 把滤好的豆浆倒入碗中，用汤匙撇去浮沫。

⑧ 放入适量白糖，搅拌均匀，至其溶化即可。

 调理功效

桂圆含有蛋白质、果糖和多种维生素、矿物质，具有益气补血、安神定志、缓解神经衰弱等功效。

扫一扫看视频

经行情志异常

经行情志异常是指以经期或行经前后，出现烦躁易怒，悲伤欲哭，或情志抑郁，彻夜不眠，经后又复如常人为主要表现的月经期不适症。本病属西医学经前期紧张综合征范畴。

饮食要点

①选食含维生素C和维生素A丰富的食物，如新鲜蔬菜、水果、动物肝脏、蛋、瘦肉等。

②本病部分患者可发生不同程度的水肿，应注意坚持低盐饮食，以减少体内水的潴留。

③忌食刺激性食物，如辣椒、芥末等。

生活细节

①平时多学习一些情志调节方法，当压力过大或情绪压抑时，采取适当的宣泄方式，尽量避免不良情绪的负面影响。

②劳逸结合，生活有规律，保证充足的睡眠，避免过度劳累。症状严重者应卧床休息。

调理功效

常食粗粮可以改善人的不良情绪，缓解精神压力，有助于维持经期情绪稳定，还能起到增进食欲的作用。

推荐食谱 红枣黑豆饭

●材料　水发黑豆50克，水发大米70克，红枣20克

●做法

①备好电饭锅，打开盖，倒入洗净的黑豆和大米。

②放入洗好的红枣，注入适量清水，搅拌均匀。

③盖上盖子，按功能键，调至"五谷饭"图标，进入默认程序，煮至全部食材熟透。

④按下"取消"键，断电后揭盖，盛出煮好的黑豆饭即可。

浇汁鲈鱼

扫一扫看视频

●材料　鲈鱼270克，豌豆90克，胡萝卜60克，玉米粒45克，姜丝、葱段、蒜末各少许

●调料　盐2克，番茄酱、水淀粉、食用油各适量

●做法

①在鲈鱼中加入盐、姜丝、葱段，拌匀，腌15分钟。

②胡萝卜切丁；洗好的鲈鱼去除鱼骨，鱼肉两侧切条。

③开水锅中放入胡萝卜、豌豆、玉米粒，煮2分钟，捞出；将鲈鱼放入烧开的蒸锅中，蒸约15分钟，取出。

④用油起锅，爆香蒜末，放入焯好的食材，加入番茄酱，炒香。

⑤注水煮沸，加水淀粉，调成菜汁，浇在鱼身上即可。

调理功效

鲈鱼有健脾养胃、补虚养血等功效，女性经期食用既可以滋补身体，又可以健脑护脑。

推荐食谱 芝麻花生汤圆

● 材料　糯米粉600克，澄面、花生米各200克，猪油150克，白芝麻80克，醪糟汁100克，红枣15克，姜片少许

● 调料　白糖150克

● 做法

① 炒锅置火上烧热，倒入花生米，小火快炒至其呈暗红色，盛出放凉，去皮。

② 炒锅继续烧热，倒入白芝麻，小火快炒至其呈金黄，盛出，待用。

③ 取榨汁机，选择干磨刀座组合，将白芝麻、花生米磨成粉，装碗。

④ 碗中加入白糖、预热好的猪油，拌至白糖溶化，即成馅料。

⑤ 加入澄面、开水，拌成面团，倒扣，静置，揉成澄面团。

⑥ 把糯米粉倒在案板上，开窝，加白糖、清水，混合糯米粉，快速揉搓匀。

⑦ 分次加水，揉至面团纯滑，放入澄面团，加猪油，继续揉搓，制成糯米团，冷冻30分钟。

⑧ 取出糯米团，揉搓成长条形，分成数个小剂子，加馅料搓至圆球形，即成汤圆生坯。

⑨ 洗净的红枣切块，去核，略煮，倒入醪糟汁，煮沸后加入姜片、白糖，放入汤圆生坯，拌匀，煮至汤圆熟软，装入汤碗中即可。

调理功效

花生米含有的卵磷脂可以帮助女性缓解抑郁情绪或降低抑郁症的发病率，可常食。

扫一扫看视频